"十一五"国家课题"我国高校应用型人才培养模式研究"子课题
《新建应用型本科院校计算机基础课程体系构建研究》
(项目编号:FIB070335 – A8 – 06)研究成果

C 语言程序设计教程

主　编　谢延红　王付山
副主编　宁玉富　戎丽霞

国防工业出版社

·北京·

内 容 简 介

本书共有12章,内容包括概述、数据类型和表达式、顺序结构程序设计、选择结构程序设计、循环结构程序设计、数组、函数、指针、结构体与共同体、编译预处理、位运算及文件。

本书系"十一五"国家课题"我国高校应用型人才培养模式研究"子课题《新建应用型本科院校计算机基础课程体系构建研究》(项目编号:FIB070335 – A8 – 06)研究成果。全书体系完整,重点突出,内容讲解深入浅出,图文并茂,讲解透彻,案例丰富新颖,注重理论,突出实践。本书既可作为大学本科和专科院校的教材,也可作程序设计人员的参考书以及全国计算机等级考试(二级 C 语言考试科目)的培训教材。

图书在版编目(CIP)数据

C 语言程序设计教程/谢延红,王付山主编. —北京:国防工业出版社,2010.8
  ISBN 978-7-118-07066-8

Ⅰ.①C… Ⅱ.①谢…②王… Ⅲ.①C 语言 – 程序设计 – 教材 Ⅳ.①TP312

中国版本图书馆 CIP 数据核字(2010)第 172027 号

※

国防工業出版社出版发行
(北京市海淀区紫竹院南路23号 邮政编码100048)
北京嘉恒彩色印刷有限责任公司
新华书店经售

*

开本787×1092 1/16 印张15 字数339千字
2010 年 8 月第 1 版第 1 次印刷 印数1—4000 册 定价28.00 元

(本书如有印装错误,我社负责调换)

国防书店:(010)68428422   发行邮购:(010)68414474
发行传真:(010)68411535   发行业务:(010)68472764

《C语言程序设计教程》
编 委 会

前　言

随着社会信息化进程不断加速和计算机技术日新月异地发展,社会对大学生计算机能力和信息素养提出了更高的要求,高校的计算机基础教育面临着新形势。在这样的背景下,我们对新建本科院校的计算机基础教学进行了调研,申请了"十一五"国家课题"我国高校应用型人才培养模式研究"的计算机类子课题《新建应用型本科院校计算机基础课程体系构建研究》(项目编号:FIB070335 - A8 - 06),并精心策划编写了普通高等院校"十一五"规划系列教材。

在本系列教材的规划和编写过程中,我们对现有销量较好的教材进行了充分调研,并多次组织专家和程序设计类课程的一线教师参会论证,力求博采众长、定位准确、突出特色。

本书具有如下特点:

1. 遵循"注重理论,突出实践"的核心思想,叙述由浅入深,通俗易懂,图文并茂,剖析深入。同时兼顾全国计算机等级考试(二级 C 语言考试科目)的需要,是一本标准的应用与应试型教材。

2. 设计例题时,不仅关注例题之间的阶梯性和连贯性,而且所有例题均有程序设计思路分析,不仅有效降低了学习难度,而且突出了算法思想设计。

3. 每章后面均有典型例题及程序分析,以实践的形式强化理论,突出易错点,并为学生提供一种解题思路。

4. 将程序调试方法作为必学内容加入到第一章中,为学生实践提供了有利的保障措施。

5. 实现一体化服务。为方便教师和读者使用,提供了配套的电子课件、例题源程序、习题答案、教学大纲、参考书目等。

本书是在 C 语言课程教学一线教师使用多年的讲稿基础上,学习和参考了大量书籍和参考文献,并经过多次调研论证修改、编写而成。全书体系完整,重点突出,内容讲解深入浅出,图文并茂,讲解透彻,案例丰富新颖,注重理论,突出实践。本书既可作为大学本科和专科院校的教材,也可作程序设计人员的参考书以及全国计算机等级考试的培训教材。

由于编者水平有限,书中疏漏和不足在所难免,诚挚地希望专家和广大读者提出宝贵意见和建议,我们将认真思考,酌情采纳,以不断改善教材质量。邮件请发至dzxyjsjxc@163.com。

编者

2010 年 6 月

目　录

第 1 章 概　述

程序设计语言是人与计算机之间交流的重要工具，其中，C 程序设计语言(简称 C 语言)是高级程序设计语言的典型代表，是国内外广泛使用的一种编程语言。本章首先简要介绍 C 语言的发展历史和特点，以实例的方式介绍 C 语言的构成特点，然后介绍算法的特征和表示方式，最后介绍 C 语言程序的开发步骤和 C 语言程序错误分类及调试方法。

1.1　C 语言简介

1.1.1　C 语言发展历程

C 语言是当今世界最流行的程序设计语言之一，它比较接近硬件，有着和汇编语言相近的高效率，但又比汇编语言形象易懂。C 语言既可以编写系统软件如 UNIX、Linux 操作系统，也可以编写应用软件如 Matlab，还可以进行嵌入式系统开发。C 语言虽然不适合开发 Windows 应用程序，但也是 Windows 应用程序开发语言(如 C++、C#)的基础。

C 语言的发展历程是与 UNIX 密切相关的。1960 年出现的 ALGOL 60 是一种面向问题的高级语言，但它不接近于硬件，不适宜系统程序的编写。1963 年英国剑桥大学推出了 CPL(Combined Programming Language)语言。CPL 语言虽然比 ALGOL 60 接近硬件一些，但规模较大。1967 年剑桥大学的 Matin Richards 对 CPL 语言进行了简化，推出了 BCPL(Basic Combined Programming Language)语言。1970 年美国贝尔实验室的 Ken Thompson 又将 BCPL 语言进一步简化而设计出 B 语言(取 BCPL 的首字母)，并用 B 语言开发了 UNIX 操作系统。1972 年至 1973 年，贝尔实验室的 D.M.Ritchie 又设计出了 C 语言(取 BCPL 的第二个字母)。C 语言既保持了 B 语言精简、接近硬件的优点，又克服了其无数据类型等缺点。

此后，C 语言又改写了多次，直到 1978 年贝尔实验室才正式发表了 C 语言。同时由 B.W.Kernighan 和 D.M.Ritchit 合著了著名的《THE C PROGRAMMING LANGUAGE》一书，书中的 C 语言被称为标准 C。后来由美国国家标准学会在此基础上制定了一个 C 语言标准，于 1983 年发表，通常称为 ANSI C，1987 年再次颁布新标准，称为 87 ANSI C。1990 年，国际标准化组织 ISO 将 87 ANSI C 作为 ISO C 的标准。目前所使用的 C 编译系统均以 ISO C 作为基础，但不同版本如 Microsoft C、Turbo C 和 Quick C 等稍有不同。本书的内容基本上是以 87 ANSI C 为基础。

1.1.2　C 语言的特点

C 语言之所以经久不衰，是因为其本身具备不同于其它语言的突出特点。

(1) C 语言简练、紧凑，使用方便、灵活。C 语言严格区分大小写，一共有 32 个全是小写字母的关键字和 9 种流程控制语句。相对其它计算机语言而言，较容易学习和记忆，源程序较短，编写程序时工作量较少，容易编写和调试。

(2) C 语言生成的目标代码质量高。C 语言把高级语言的基本结构和低级语言的实用性结合起来，兼有高级语言和低级语言的特点，因此，也被称为"高级语言中的低级语言"或"中级语言"。它可以直接访问地址，能进行位(bit)运算，可以直接对硬件进行操作，因此，C 语言源程序生成的目标代码质量很高。实验表明，C 语言代码效率只比汇编语言代码效率低 10%～20%。

(3) C 语言功能全面。C 语言有结构化的流程控制语句，有实现程序模块化的函数；数据类型丰富，能实现各种复杂的数据结构的运算，指针类型的引入使程序的效率更高；运算符众多，从而实现了运算类型、表达式类型的多样化；C 语言系统提供的专门的函数库进一步增强了 C 语言功能。

(4) C 语言程序的可移植性好。C 语言程序本身不依赖于机器硬件系统，基本上不用修改就可以应用于硬件结构不同的计算机和各种操作系统。

(5) C 语言程序设计自由度大，语法限制不太严格。C 语言书写格式自由，语法检查宽松，给编程人员较大的自由空间。这对于熟练的程序员是有益的，但也加大了初学者的学习难度。C 语言对数组的下标是否越界、指针变量是否赋了初值等不做检查，导致程序容易出现运行错误或逻辑错误。因此初学者一定要严格检查、验证程序，不要认为只要程序编译、链接成功程序就编写成功了。

C 语言还有一些其它优点，读者需要在学习和实践中慢慢体会。虽然 C 语言也有一些缺点，如类型转换较随意、运算优先级太多难以记忆等，但因其上述突出的优点，C 语言仍然是非常优秀的程序设计语言之一。

1.1.3 C 语言程序示例

下面，先以一个简单的例子说明 C 语言程序的基本结构与书写格式，使读者对 C 语言程序有感性的认识。对程序内容的具体含义、语法与功能等则不必深究，相关详细内容本书在以后会进行系统的介绍。

【例 1.1】求两个整数之和，并输出结果。

```
#include <stdio.h>                //编译预处理命令
void main()                       //主函数
{
    int a,b,c;                    //定义变量 a,b 和 c
    a=3;                          //给变量 a 赋值
    b=5;                          //给变量 b 赋值
    c=a+b;                        //调用求和函数
    printf(″%d+%d=%d\n″,a,b,c);   //输出变量 c 的值
}
```

由【例 1.1】可以看出 C 语言程序的构成特点：

(1) C 程序是由若干函数组成，其中一个特殊的函数是主函数 main。一个 C 程序必

须有且只能有一个 main 函数，它是程序执行的入口。

(2) 一对花括号括起来的是 main 函数的函数体。函数体是由若干以分号为结束符的语句组成。C 语言中语句的书写非常自由，如 "a=3;b=5;c=a+b;" 这三条语句既可以写在一行，也可以每条语句单独占一行，既可以左端对齐，也可以不对齐。但为了提高程序的可读性，建议一条语句占一行，相同级别的语句要左对齐。

(3) 以//开头的是 C 程序的注释。注释是为程序语句添加的功能说明信息，目的是增加程序的可读性，程序在进行编译和链接时会把注释忽略掉。"//" 只能将其后当前行的信息注释掉，如果要将连续的多行信息注释掉，可以采用在需要注释掉信息的第一行行首加 "/*"，在最后一行行尾加 "*/"。

(4) #include <stdio.h>是编译预处理命令，需要放在程序的最前面。需要包含 stdio.h 文件的原因是程序中用到了包含在 stdio.h 中的函数 printf。C 语言编译系统为用户定制了很多库函数，根据功能分别包含在不同的头文件中。如 math.h 中包含了一些和数学有关的库函数，求平方根、正弦、余弦等；string.h 中包含了和字符串处理相关的函数。要是用这些库函数，就需要用#include 命令将相应的头文件包含进来。

1.1.4　C 语言程序书写约定

虽然 C 语言程序对书写格式要求很低，但为了提高程序的可读性、可调试性和可维护性，养成良好的程序设计风格，建议读者书写程序时遵守如下约定：

(1) 一条语句或命令或左、右花括号均单独占一行。

(2) 用分层缩进的写法显示嵌套结构层次。同一个层次相应的左花括号和右花括号对齐，层次中的语句缩进一个 Tab 键的位置。在 VC++ 6.0 中，只要书写满足第一条约定，程序会自动调整对齐，非常方便。

(3) 标识符尽量采用和其实际含义有关联的单词或单词组合，如 length 表示长度。

(4) 适当地加入注释，不同的功能块之间用一个空行隔开。

1.2　算　法

算法(algorithm)是对一个问题求解方法和步骤的一种描述。针对一个需要求解的问题，除了确定适合的数据结构外，关键是确定有效的算法，然后才能用具体语言编写实现程序。对于一个问题，实现的算法并不唯一，在保证算法正确的前提下，一般用算法的时间复杂度(算法执行所用时间)和空间复杂度(算法执行所需存储空间)区分各种算法的优劣。

1.2.1　算法的主要特征

一个算法应具有以下主要的特征：

(1) 有穷性。一个算法应在执行有限步后能够结束，并且每一步能够在有限的时间内完成。

(2) 确定性。算法中的每一步都有确切的含义，不具有二义性。

(3) 可行性。算法中的操作能够用已经实现的基本运算执行有限次来实现。

(4) 零个或多个输入。零个输入就是算法默认了初始条件。

(5) 一个或多个输出。算法设计的目的是要获得问题的结果，因此需要将结果以输出的方式反馈给用户。

1.2.2 算法的描述方法

算法的描述方法有自然语言、伪代码、N-S 图、流程图等。在此，仅简要介绍本书采用的算法描述方法——流程图。

流程图是一种传统的算法描述方法，主要由图 1.1 中所示的几种图形组成。

起止框　　　　　　　处理框　　　　　　条件判断框　　　　流程方向指示线

图 1.1　流程图基本组成图形图

(1) 起止框：在框内标注"开始"表示程序开始，在框内标注"结束"表示程序结束，一个完整的流程图始末必须是起止框。

(2) 处理框：处理框是用来表示执行赋值、计算、传送运算结果等的图形符号，算法中处理数据需要用到的算式、公式等根据执行顺序分别写在不同的处理框中。

(3) 判断框：判断框一般有一个入口和两个出口，在条件成立的出口处需注明"是"或"Y"，在条件不成立的出口处需注明"否"或"N"。如果是多分支判断，则可有两个以上出口。

(4) 流程线：带箭头的流程线表示执行的先后顺序。

【例 1.2】输入两个数，找出其中的较大数。

此算法的流程图如图 1.2 所示，具体执行过程为：

(1) 算法开始。

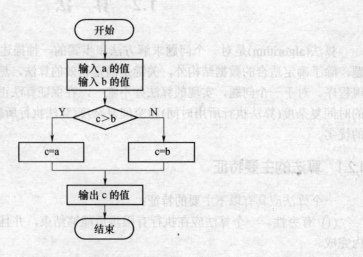

图 1.2　例 1.2 算法的流程图

4

(2) 输入两个数，分别存放到变量 a、b 中。

(3) 如果 a>b，则将 a 赋给变量 c；否则将 b 赋给变量 c。

(4) 输出变量 c 中的值，即较大数。

(5) 算法结束。

可以看出，用流程图表示算法，形象直观，逻辑清晰，交流方便。当算法不太复杂时，采用流程图进行描述不失为一种好方法。

1.3 C 语言程序开发步骤

1.3.1 C 语言程序开发过程

C 语言程序的开发，一般要经过编辑、编译、链接和运行 4 个步骤，如图 1.3 所示。

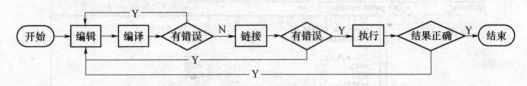

图 1.3 C 语言程序开发过程示意图

1. C 语言程序的编辑

针对一个实际问题，首先要根据题意设计问题求解的算法，可以先用流程图等把算法表示出来，然后转换为 C 语言程序，也可以直接把算法用 C 语言程序的形式表示出来。编辑就是将写在纸上或记在脑中的 C 语言程序输入到计算机中，以文件的形式存放在磁盘上。这种在编辑方式下建立起来的程序称为源程序，C 语言的源程序扩展名为.c。

2. C 语言程序的编译

源程序是用 C 语言写的，而计算机能直接识别的只有由二进制指令组成的机器语言，因此，需要一个被称为编译器的程序把源程序翻译成机器语言，这个过程就称为编译。编译器创建的机器语言指令称为目标代码，包含目标代码的文件称为目标文件，一般目标文件的文件名与相应的源程序文件名相同，但扩展名为.obj。

3. C 语言程序的链接

目标程序还不能直接在机器上运行，需要一个被称为链接程序的程序把程序中用到的库函数和多个目标文件链接为一个扩展名为.exe 的可执行文件。

4. C 语言程序的运行

运行可执行文件，就可以得到程序运行结果了。

无论是在编译、链接还是运行阶段，如果发现错误，都可以返回到编辑阶段对源程序进行修改，然后重新编译、链接、运行，直到满意为止。

1.3.2 VC++ 6.0 环境中 C 语言程序运行步骤

VC++ 6.0 是一个功能很强大的集成编译环境，是微软公司为 C++语言设计开发的，同时兼容 C 语言。因此，C 语言和 C++语言程序的编辑、编译、链接、运行以及调试全过

5

程均可在此环境中完成。在此，以【例 1.2】为例简要介绍 C 语言程序在 VC++ 6.0 中的运行方法和步骤。

1. 启动 VC++ 6.0

将 VC++ 6.0 安装到计算机上之后，其启动方式最常用的有以下两种方式：

(1) 在桌面上找到 VC++ 6.0 的快捷方式图标，双击启动。

(2) 依次选择"开始"菜单→"程序"→"Microsoft Visual Studio 6.0"→"Microsoft VC++ 6.0"，即可启动。

启动后，VC++ 6.0 的窗口布局如图 1.4 所示。

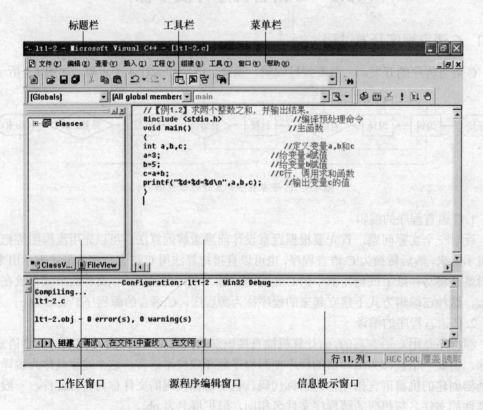

图 1.4　VC++ 6.0 窗口布局图

2. 建立工程

VC++ 6.0 编写程序的基本单位是工程，一个工程中可以包含多个头文件(.h 文件)和源程序文件(.c 文件)。在 VC++ 6.0 中，编译操作是将本工程中打开的当前源程序文件编译成相应的目标文件，链接操作是将本工程中所有的目标文件链接成一个可执行文件。因此，在建立 C 语言源程序文件之前，最好建立一个工程，其操作过程为：

(1) 单击"文件"菜单选"新建"，出现如图 1.5 所示的新建对话框。

(2) 选中"工程"标签下的"Win32 Console Application"选项，输入工程名称，确定工程的位置，点击"确定"按钮。

(3) 在弹出的窗口中，如图 1.6 所示，选择控制台程序类型为"一个空工程"，点击"完成"。然后在新弹出的窗口中选择"完成"按钮，即成功创建了一个工程。

6

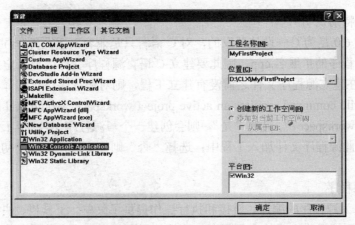

图 1.5 新建对话框图

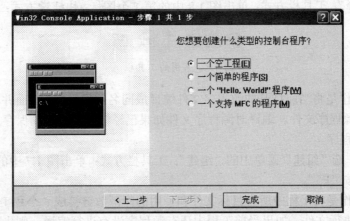

图 1.6 新建工程向导图

3. 建立源程序文件

单击"文件"菜单选"新建",在出现的"新建对话框"中选择"文件"标签,如图 1.7 所示。选择文件的类型为"C++ Source Flie",输入文件的名字,确定文件位置后单击"确定"即将一个新的空白文件添加到了刚刚建立的工程中,并已在编辑窗中打开,输入源程序即可。

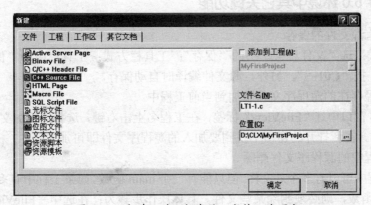

图 1.7 "新建"对话框中的"文件"选项卡

7

此处需要特别说明两点：

(1) VC++ 6.0 是为 C++设计开发的，对 C 语言只是兼容，因此源程序的默认扩展名为 C++语言源程序的扩展名.cpp，因此要建立 C 语言源程序文件需要指定扩展名.c。

(2) 如果在建立源程序文件之前没有建立工程，则对源程序进行编译时系统会提示用户"This build command requires an active project workspace. Would you like to create a default project workspace?"。选择"是"，则会创建一个与源程序文件同名(不包括扩展名)的工程，并将此源程序文件加入工程中；选择"否"则停止编译。建议初学者使用这种简单方式。

4. 编译源程序

VC++ 6.0 为源程序的编译、链接和执行操作提供了菜单、工具栏、快捷键等多种操作方式，根据不同操作方式的方便程度，建议使用工具栏方式。菜单方式：选"组建"菜单中的"编译"；工具栏方式：单击图 1.8 中的第 1 个图标；快捷键方式：按"Ctrl+F5"。

图 1.8　常用的工具栏

"编译"操作是将当前打开的源程序文件编译成同名的目标文件，而并不涉及同一个工程中其它的源程序文件。编译时源程序文件如果已经修改则会自动保存。

5. 链接源程序

菜单方式：选"组建"菜单中的"组建"；工具栏方式：单击图 1.7 中的第 2 个图标；快捷键方式：按"F5"。

"链接"操作是将工程中所有目标文件和使用的库函数链接成一个和工程同名、扩展名为.exe 的可执行文件。如果当前工程中还有源程序没有进行编译，则先进行编译，然后再链接。

6. 执行程序

菜单方式：选"组建"菜单中的"执行"；工具栏方式：单击图 1.7 中的第 4 个图标；快捷键方式：按"Ctrl+F5"。

程序运行结束后，按任意键退出运行界面，返回 VC++ 6.0。

1.3.3　VC++ 6.0 环境中其它关键功能

1. C 语言源文件的保存

菜单方式：选"文件"菜单中的"保存"；工具栏方式：工具栏中的"保存"按钮；快捷键方式：按"Ctrl+S"。另外，源文件编译时自动保存。

2. 把已经存在的源程序文件添加到当前工程中。

在工作区窗口中选"FileView"标签，在工程名上击右键，选择"添加文件到工程"，如图 1.9 所示。在新打开的窗口中找到要加入的源程序文件即可加入。

3. 将工程中的源程序文件删除。

一个工程中可以有多个.c 文件，但只能有一个 main 函数。如果工程中有多于一个的.c 文件有 main 函数，则必须删除某些文件。具体操作步骤为：在选中"FileView"标签的工作区窗口中选中要删除的文件，单击"Delete"键即可。

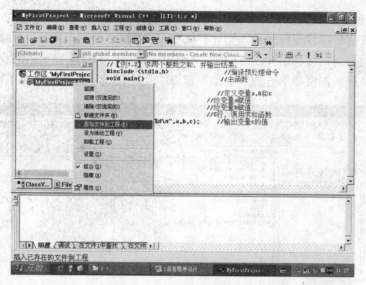

图 1.9　添加已存在源程序文件图

此时的删除只是将该源程序文件从当前的工程中移除，并没有从磁盘上真正的删除。如果想把删除的源程序文件再加入到工程中，则按照"把已经存在的源程序文件添加到当前工程中"的步骤操作即可。

1.4　C 语言程序错误类型及调试方法

程序编写完毕后，难免出现一些错误，要学会分析出现的是什么类型的错误，需要用什么方法找到出错的原因，继而改正错误。因此，程序调试是程序设计课程的一个重要环节，是程序设计成功的一个关键过程。

C 语言程序中的错误按程序生成阶段可以分为编译错误、链接错误、运行错误和逻辑错误。下面以 VC++ 6.0 为例，着重介绍 C 语言程序中各种类型错误的具体含义以及相应的程序调试方法。

1.4.1　编译错误及调试方法

编译错误也称语法错误，其产生的主要原因是源程序中有不符合 C 语言语法规则的语句。编译错误在编译阶段就可以被发现，分为错误和警告两种。错误必须改正才能编译成功，而警告并不影响程序的编译。排除这类错误，可以使用静态调试和动态调试两种方法。

1. 编译错误的静态调试

静态调试是在程序编写完成以后，人工对源程序进行仔细检查，主要检查程序中的语法规则和逻辑结构，例如，变量是否定义，变量的书写是否前后一致，左右花括号是否匹配，语句尾部是否少了分号，if else 是否配对，if 语句中的判断条件是否用小括号括起来等。实践证明，通过静态调试，可以发现大部分语法错误，初学者应该养成上机前认真检查的好习惯，从而提高上机效率。

2. 编译错误的动态调试

动态调试就是指将源程序输入到计算机中，在调试工具的帮助下，排除错误的过程。编译错误的动态调试可利用 VC++ 6.0 中 "输出" 窗口中的错误提示信息及相关功能。

程序编译后，在窗口下方的 "输出" 窗口中会出现编译信息，如图 1.10 所示。

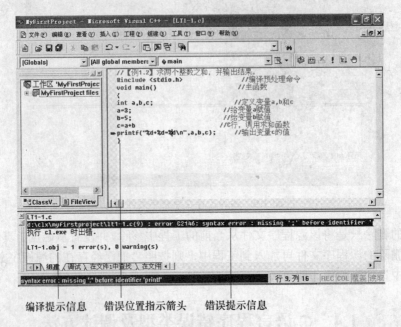

编译提示信息　　错误位置指示箭头　　错误提示信息

图 1.10　编译错误调试方法图

如果出现错误，"输出" 窗口中会有错误提示信息。用鼠标双击一个错误提示信息，"编辑" 窗口的左侧会出现一个蓝色箭头。这说明这个错误就出现在箭头所指的行或上一行的尾部。根据 "输出" 窗口中错误提示信息的内容，仔细查看箭头所指行以及上一行尾部，很容易发现语法错误。

排除编译错误时需注意两点：

(1) 每次排除编译错误时最好从第一个错误开始排除，因为其它的错误有可能是因为第一个错误级联产生的。排除第一个错误之后重新编译，如果仍然有错，再从第一个错误开始排除。

(2) 编译系统给出的某些错误提示信息有时和实际出错原因并不相符，但提示的错误位置不会出错。因此要多多积累调试经验，提高调试技能。

1.4.2　链接错误及调试方法

编译通过之后，程序进行链接时也有可能出错误，这类错误一般指外部调用、不同文件之间函数的联系等方面的错误。出现链接错误时编译系统也会在 "输出" 窗口中给出错误提示信息，但这些提示信息不如编译错误的提示信息直接、具体，并且没有错误定位，出错原因较为隐秘，因此，链接错误比较难找，需要用户认真仔细的判断，找出出错原因进行改正。链接错误较常见的有以下几种：

(1) 找不到某个函数。假设提示信息为："unresolved external symbol _max"，则说明

在当前工程的所有文件中都没有找到名为 max 的函数，这时需检查是否真的没有函数的实现还是函数定义时的名字和使用时的名字不一致。如果提示的函数是库函数，则需要检查库函数名字是否写错或源文件的首部是否用#include 命令将函数所在的头文件包含进来。

(2) 在一个工程中有多个有 main 函数的文件。这时会产生一个链接错误，提示信息为："_main already defined in X.obj"。这时需要在"工作区"窗口的"FileView"标签中找到 X.obj 对应的源程序文件 X.c，选中后点击"Delete"键将其删除即可。

(3) 未关闭执行文件。假设提示信息为："cannot open Debug for writing"，则说明当前工程所生成的可执行文件已经处于运行状态，不能重复链接。这时只需把正在运行的程序窗口关闭，重新链接即可。

1.4.3 运行错误及调试方法

运行错误指程序在实际执行过程中产生的错误，通常会出现一个对话框提示程序出现错误，但并不一定有错误提示信息。这类错误产生的最常见的原因是程序运行时使用了没有分配给该程序的内存空间。例如：

(1) 利用 scanf 函数输入数据，如 scanf("%d",a); 。假设此时 a 中的值为 1000，则程序执行时会把输入的数据放到地址为 1000 的内存单元中，而不是放到变量 a 所占的内存单元中，从而造成运行错误。

(2) 在使用数组元素 a[i]时，变量 i 没有赋初值，或 i 的值已经超过数组 a 的下标范围。这时程序仍会按照公式"a+i×sizeof(a 的数据类型)"计算需访问内存单元的地址，从而造成运行错误。

(3) 指针变量 p 没有赋初值而直接使用*p。指针变量没有赋初值，则其值是一个随机数，而使用*p 时则是访问以这个随机数为地址的内存单元，从而造成运行错误。

1.4.4 逻辑错误及调试方法

以上三种错误都会导致程序无法正常执行，而逻辑错误是指程序可以顺利编译、链接、执行，但就是执行结果不正确。这类错误最难排除，因为编译系统不会给出任何的错误提示，全凭借读者个人能力，运用有效的调试方法认真检查予以排除。逻辑错误最常用的调试方法有静态调试、跟踪打印和跟踪调试三种。

1. 静态调试

利用静态调试排除逻辑错误指人工模拟程序的执行过程，从而修正错误。逻辑错误的静态调试可以从以下几个方面进行检查：

(1) 循环变量是否赋了初值以及赋初值语句的位置是否正确。在一些涉及累加和、累乘积的算法中，循环的次数直接影响到程序的执行结果，因此循环变量是否赋了初值、赋的什么值以及赋初值语句的位置至关重要。

(2) 条件表达式是否正确。选择和循环中都涉及到条件表达式，表达式不同，程序的执行路径也就不同，因此书写条件表达式时一定要认真。在 C 语言中，一定要注意表达式(a==0)和(a=0)的区别，前者是判断 a 和 0 是否相等，如果相等则表达式为真；后者是将 0 赋给变量 a，然后判断 a 的值是否为真，而这时 a 的值已经为 0，所以表达式(a=0)

为假。另外，在使用"大于"、"小于"构成的逻辑表达式时要注意是否应该包括"等于"。

(3) 变量的数据类型是否正确。不同数据类型的变量占用的内存空间不同，存储数据的类型不同，参与运算的结果也不同，因此要注意使用合理数据类型的变量。例如，整型变量所能存储的值为[-2147483648，2147483647]，如果数据超出这个范围，则会造成溢出问题。再如，变量 a 赋值为 5，如果 a 为整型变量，则表达式 a/2 为 2；如果 a 为浮点型，则表达式 a/2 为 2.5。

2. 跟踪打印

一般来讲，程序打印输出的是一些提示信息和最终处理结果。但当程序最终结果出现错误时，可以适当添加一些打印语句，将某些中间处理数据也在屏幕上打印出来，以便查看程序到底是在哪个处理环节上出了问题。确定大约出错位置后，仔细查看源程序，确定出错原因。例如，在输入语句后添加打印语句，以查看输入的数据是否正确的接收。

3. 跟踪调试

C 语言的集成开发系统中一般会提供一些调试工具。在 VC++ 6.0 中，系统提供的主要调试工具可分为断点、进程控制、Watch 窗口三大类。

(1) 断点。断点是调试器设置的一个源程序的代码位置，当程序运行到断点时，程序会中断执行，回到调试器。回到调试器并不是终止或结束程序的执行，而是等待程序继续执行。

设置断点：将光标移动到需要设置断点的代码行上，按"F9"快捷键或按工具栏中的"手形"图标。代码行左侧显示一红色圆点，即表明此行已经被设置为断点。

移除断点：将光标移动到某断点所在行，再次按"F9"快捷键或按工具栏中的"手形"图标即可移除断点。

(2) 进程控制。VC++ 6.0 为方便用户调试，提供了几种不同的进程控制方式，一般用快捷键进行操纵，也可以用 Debug 工具栏中相应的图标按钮操纵。如果窗口中没有 Debug 工具栏，可以在工具栏上右击，在出现的快捷菜单中选"Debug"。几种常用的进程控制方式及对应的快捷键如下所示：

F10 指单步执行，如果执行到被调函数，不进入到函数内部。

F11 指单步执行，如果执行到被调函数，进入函数内部。

F5 指程序继续执行，到下一个断点处中断执行。

Ctrl+F10 指运行到光标处中断。

Shift+F5 指停止调试。

(3) Vaviables 窗口和 Watch 窗口。VC++ 6.0 允许查看程序执行到某语句时某变量或表达式的值。Variables 窗口用于显示当前执行上下文中可见的变量以及变量值；Watch 窗口用于显示用户感兴趣的变量或表达式的值，例如，用户想查看程序执行到某处时变量 a 中的值，则可在 Watch 窗口的 Name 列中输入变量名 a，相应 Value 列就可显示其值。

调试程序时，往往是把断点、进程控制、Variables 窗口和 Watch 窗口等调试工具结合起来使用。具体调试步骤如下：

(1) 按 F10 单步执行程序。如果能确定错误的大体位置，则可在错误前的某个语句处设置一个断点，然后按 F5 到断点处停下，再按 F10 单步执行。

(2) 如图 1.11 所示,编辑窗口左侧,黄色箭头所指行即是目前程序执行到的代码行(此行还没有执行); 左下的 Variables 窗口显示程序执行到此处时可见变量及变量值; 右下的 Watch 窗口显示程序执行到此处时用户添加的变量及表达式和它们的值。特别是已执行的最后一个语句所涉及的变量的值,用红色显示,起到警示作用。

重新开始调试按钮　　停止调试按钮　　调试工具栏　　断点设置按钮

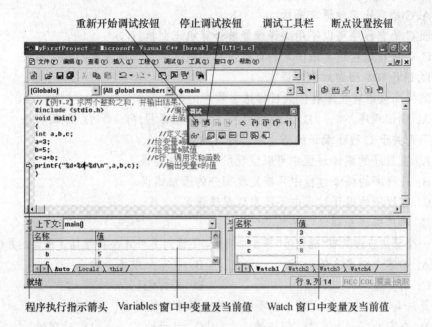

程序执行指示箭头　Variables 窗口中变量及当前值　Watch 窗口中变量及当前值

图 1.11　单步调试界面图

(3) 边按 F10 单步执行程序(如果想进入函数内部则按 F11,但进入到函数内部后最好再换为 F10),边观察 Variables 和 Watch 窗口中的数据变化。一旦出现变量值或语句的执行顺序和预想的不一致的情况,则可锁定出错位置,认真分析、判断出错原因。

(4) 若已找到出错原因,则可按 Shift+F5 结束调试,进入编辑状态修改程序。若已经错过出错位置,也可按 Shift+F5 结束调试,然后开始新一轮的调试。

应当指出的是,程序调试工具的有效使用能起到事半功倍的效果,但这些工具应如何搭配使用,还需要读者在实践中逐步积累经验。

习　题

一、选择题

1. 一个 C 程序总是从(　　)开始执行。
   A. 程序的第一条执行语句 　　　　　B. 主函数
   C. 子程序 　　　　　　　　　　　　D. 主程序

2. 机器语言是用(　　)编写的。
   A. 二进制码 　　　B. ASCII 码 　　　C. 十六进制码 　　　D. 国标码

3. 计算机可以直接识别的语言是(　　)。

A. C   B. BASIC   C. 汇编语言   D. 机器语言

4. 人们根据特定的需要，预先为计算机编制的指令序列称为(　　)。

     A. 软件   B. 文件   C. 语言   D. 程序

5. 以下叙述正确的是(　　)。

     A. C 语言比其他语言高级

     B. C 语言程序可以不用编译就能被计算机识别执行

     C. C 语言以接近英语国家的自然语言和数学语言作为语言的表达形式

     D. C 语言是面向对象的语言

6. 能将高级语言程序转换成目标语言程序的是(　　)。

     A. 调试程序   B. 汇编程序   C. 编译程序   D. 编辑程序

7. 下列关于 C 程序编译的描述中，错误的是(　　)。

     A. 在程序的编译过程中可以发现所有的语法错误

     B. 在程序的编译过程中只能发现部分的语法错误

     C. 在程序的编译过程中不能发现逻辑错误

     D. 程序编译是调试程序的必经过程

8. 一个算法应该具有"确定性"等 5 个特性，下面对另外 4 个特性描述错误的是(　　)。

     A. 有零个或多个输入   B. 有零个或多个输出

     C. 有穷性   D. 可行性

9. 算法具有 5 个特性，以下选项中不属于算法特性的是(　　)。

     A. 有穷性   B. 简洁性   C. 可行性   D. 确定性

10. 以下叙述正确的是(　　)。

     A. 用 C 程序实现的算法必须要有输入和输出操作

     B. 用 C 程序实现的算法可以没有输出但必须要有输入

     C. 用 C 程序实现的算法可以没有输入但必须要有输出

     D. 用 C 程序实现的算法可以既没有输入也没有输出

11. 在计算机中，算法是指(　　)。

     A. 查找方法   B. 加工方法

     C. 解题方案准确而完整的描述   D. 排序方法

二、填空题

1. C 语言程序的开发，一般要经过＿＿＿＿、＿＿＿＿、＿＿＿＿和＿＿＿＿4 个步骤。

2. C 语言程序中的错误按程序生成阶段可以分为＿＿＿＿错误、＿＿＿＿错误、＿＿＿＿错误和＿＿＿＿错误。

3. 逻辑错误最常用的调试方法有＿＿＿＿、＿＿＿＿和＿＿＿＿三种方式。

第 2 章　数据类型和表达式

程序的执行过程其实就是对一系列数据进行处理的过程，因此，数据是程序中必不可少的基本元素。本章主要介绍与数据有关的数据类型、常量、变量、运算符、表达式等内容，为后面的学习奠定良好的基础。

2.1　C 语言字符集与词法规则

2.1.1　C 语言字符集

C 语言字符集是 C 语言程序里允许使用的字符，主要由字母、数字、空白符、标点和特殊符号组成。在字符常量、字符串常量和注释中还可以使用汉字或其它可表示的图形符号。

(1) 字母：a~z，A~Z。

(2) 数字：0~9。

(3) 空白符：指在屏幕不会显示出来的字符，如空格(Space)符、制表(Tab)符、换行(Enter)符等。空白符只在字符常量和字符串常量中起作用，在其它地方出现时，只起到分割词法符号的作用，程序编译时将会被忽略。因此，可以适当地使用空白符增加程序的可读性。

(4) 标点和特殊符号：见表 2.1。

表 2.1　标点和特殊符号

字　符	名　称	字　符	名　称	字　符	名　称	字　符	名　称
,	逗号	)	右圆括号	!	惊叹号	%	百分号
.	点	[	左方括号	|	竖线	&	和号
;	分号	]	右方括号	/	斜线	^	脱字符
:	冒号	{	左花括号	\	反斜杠	*	星号
'	单撇号	}	右花括号	~	求反号	-	减号
"	双撇号	<	小于号	_	下划线	=	赋值号
(	左圆括号	>	大于号	#	井号	+	加号

2.1.2 C语言词汇及其组成规则

在C语言中使用的词汇分为六类：标识符、关键字、运算符、分隔符、常量和注释符。

1. 关键字

关键字是由C语言规定的具有特定意义的字符串，通常也称为保留字。C语言的关键字分为以下几类。

(1) 标识数据类型的关键字：int，char，long，float，double，short，unsigned，struct，union，enum，void，signed。

(2) 标识控制流程的关键字：if，else，goto，switch，case，default，for，do，while，break，continue。

(3) 标识存储类型的关键字：auto，extern，register，static。

(4) 其它关键字：sizeof，const，typedef，volatile。

注意：C语言区分大小写，关键字均为小写字母。在VC++ 6.0环境中，关键字用蓝色显示以示区别。

2. 标识符

标识符是指在程序中用来标识变量名、符号常量名、函数名、数组名、类型名、文件名等的有效字符序列。C语言中标识符必须符合以下构成规则：

① 由字母或下划线开头。

② 由字母、数字或下划线组成。

③ 不能是C语言关键字。

例如，以下标识符是合法的：a，x，BOOK1，sum5。

而以下标识符是非法的：3s(以数字开头)、s*T(出现非法字符*)、bowy-1(出现非法字符-)。

注意：C语言区分大小写字母，如test与Test代表不同的标识符。

3. 运算符

C语言中有相当丰富的运算符，其具体表示符号与功能见本书2.5节内容。

4. 分隔符

在C语言中的分隔符有逗号和空格两种。逗号主要是在类型说明和函数参数列表中，分隔各个变量。空格多用于语句各单词之间，作间隔符。例如 int a;，关键字 int 和标识符 a 必须要有一个或一个以上间隔符，否则编译系统会将 inta 当成一个标识符处理，从而导致出现语法错误。

5. 常量

C语言中的常量将在2.3节详细介绍。

6. 注释符

注释是对源程序代码功能和实现方法等的说明信息，程序在编译时会被忽略掉，在VC++ 6.0中注释内容显示为绿色。C语言中注释有两种实现方式：

(1) 单行注释，用//表示，注释内容从//开始，到该行结束处结束。

(2) 多行注释，用起始符号/*和终止符号*/表示。注释内容从/*开始，到*/处结束。

注意多行注释起始符号和终止符号要配对使用，且不可嵌套使用。

书写注释是一个良好的编程习惯，能帮助读者快速掌握程序功能。另外，读者可以利用注释将需要修改或暂时不用的语句注释掉，一旦需要能实现快速恢复。

2.2 数据类型

数据类型决定了数据所占存储空间的大小、表示方式、所能参与的运算及运算结果。任何一种程序设计语言都会定义自己的数据类型。C 语言中的数据类型分类如图 2.1 所示。

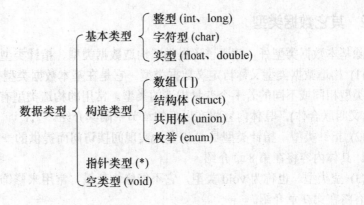

图 2.1　C 语言的数据类型分类

2.2.1　基本类型

C 语言提供的基本类型有整型(int)、字符型(char)和浮点型(float 单精度、double 双精度)。为了满足更多需求，C 语言允许在基本数据类型的前面加上一些修饰符，以扩充基本数据类型的含义。signed 表示有符号，unsigned 表示无符号，long 表示长型，short 表示短型。其中，signed 和 unsigned 可以修饰所有的基本类型；short 可以修饰整型；long 可以修饰整型和浮点型。

内存空间的基本单位为字节，不同数据类型的数据所占内存的字节数和机器字长有关，表 2.2 列出了常用的加修饰符的基本数据类型的数据在 32 位机上的所占内存空间字节数和表示范围。其中，「」中内容为可选项①。

表 2.2　基本数据类型表

类　型	说　明	字节数	数据表示范围
「signed」char	字符型	1	$-128\sim127$　$(-2^7\sim2^7-1)$
unsigned char	无符号字符型	1	$0\sim255$　$(0\sim2^8-1)$
「signed」int	整型	4	$-2147483648\sim2147483647$
unsigned 「int」	无符号整型	4	$0\sim4294967295$

---

① 本书约定，「」中内容均为可选项。

17

类 型	说 明	字节数	数据表示范围
⌜signed⌟ short ⌜int⌟	短整型	2	−32768～32767 ($−2^{15}$～$2^{15}−1$)
⌜signed⌟ long ⌜int⌟	长整型	4	−2147483648～2147483647($−2^{31}$～$2^{31}−1$)
unsigned short ⌜int⌟	无符号短整型	2	0～65535 （0～$2^{16}−1$)
unsigned long ⌜int⌟	无符号长整型	4	0～4294967295 (0～$2^{32}−1$)
float	单精度浮点型	4	$−3.4×10^{38}$～$3.4×10^{38}$(6～7 位有效数字)
double	双精度浮点型	8	$−1.7×10^{308}$～$1.7×10^{308}$(15～16 位有效数字)

2.2.2 其它数据类型

除基本数据类型外，C 语言还提供了构造数据类型、指针类型和空类型。

(1) 构造数据类型又称自定义数据类型。它是在基本数据类型基础上，用户根据需要对类型相同或不同的若干个变量构造的类型。常用的构造类型有：数组、结构体、共用体(又叫联合体)，具体内容将在以后的章节中陆续介绍。

(2) 指针类型。指针类型是 C 语言为实现间接访问而提供的一种数据类型，特殊而重要。具体内容将在第 8 章介绍。

(3) 空类型。也称为 void 类型，它不能修饰变量，常用来修饰函数返回值类型，具体内容将在第 7 章介绍。

2.3 常 量

在程序执行过程中不能被改变的量称为常量，如 123，3.15，'A'，"Hello"，均是常量，不同数据类型的常量有不同的表示方式。在 C 语言中常量有整型、实型、字符型、字符串型四种类型，另外还可以定义符号常量。

2.3.1 整型常量

C 语言的整型常量有十进制、八进制和十六进制三种表示形式。

1. 十进制形式

十进制整型常量是可以带正负号的数学意义上的整数。如 123、+4560、−987 都是合法的十进制整型常量。

2. 八进制形式

八进制整型常量是以 0 开头的带正负号的八进制整数。如 015、+0101、−01777 都是合法的八进制数；但 256(无前缀 0)、0392(包含了非八进制数 9)不是合法的八进制数。因此需要特别注意，在 C 语言中，012 是代表八进制中的 12，换算为十进制为 10。

3. 十六进制形式

十六进制整型常量是以 0x 或 0X 开头的带正负号的十六进制整数。如 0xa3f、−0X9A、0x345、+0X6ab 都是合法的十六进制整型常量。

这三种表示形式均表示此整型常量为 int 类型，如果要表示 long int 或 unsigned int 类型的常量，则需要在常量后面加后缀 l(或 L)或 u(或 U)，如 23L 表示长整型常量，23u 表示无符号常量。

2.3.2 实型常量

实型常量就是数学中的实数，C 语言中实型常量有十进制形式和指数形式两种表示方法。

1. 十进制形式

例如 1.23456、−0.465、+789.123、.235、0.0、1.0 等都是合法的实型常量。注意，0.235 可以写作.235，1.0 可以写作 1.，但小数点不能省略，1 是整型常量，而 1.或 1.0 是实型常量。

2. 指数形式

指数形式是由十进制实数形式的尾数、阶码标志(e 或 E)和十进制整型形式的指数组成，三部分缺一不可。例如 0.123e+5、1e−4、−35.69E11 均为合法实数。

无论是十进制形式还是指数形式的实型常量默认都为 double 类型，因此，float 类型的实型常量需要加后缀 f/F，如 12.456f 表示 float 类型的实型常量。

2.3.3 字符型常量

C 语言的字符常量是 ASCII 码字符集里的一个半角字符，包括字母(区别大、小写)、数字、标点符号以及特殊字符等，其表示方法有三种。

1. 单引号表示形式

把单个字符用一对西文半角单引号括起来表示字符常量，如'a'、'6'、'A'、'+'、':'。这是字符常量最常用的表示方式。

2. 数值表示形式

ASCII 码字符集里的每一个字符都有一个对应的 ASCII 码值，在 C 语言中可以利用字符的 ASCII 码值表示该字符常量。例如'A'的 ASCII 码为 65，'a'的 ASCII 码为 97，'0'的 ASCII 码为 48。

3. 转义字符表示形式

转义字符是一种以反斜杠(\)开头的字符，通常用于表示在键盘上没有对应的按键或有按键却无法在屏幕上显示键面信息或本身有特殊含义的字符。此处的反斜杠表示后面的字符不再表示本身的含义，而是变成了另外的含义。如'\n'表示换行，而不再代表字母 n。常用的转义字符及其含义如表 2.3 所列。

表 2.3　常见的转义字符常量

字符常量	含　　义
'\n'	输出到屏幕和文本文件为回车且换行，若输出到二进制文件仅为换行
'\r'	回车
'\t'	制表键，光标右移到下一输出区首，通常每个输出区占个 8 个字符
'\f'	换页

字符常量	含　义
'\b'	退格
'\\'	反斜杠字符 \
'\''	单引号字符 '
'\"'	双引号字符 "
'\ddd'	1 到 3 位八进制数组成 ASCII 码所对应字符
'\xhh'	1 到 2 位十六进制数组成 ASCII 码所对应字符

从表中可以看出，C 语言中除了一些特殊的转义字符外，还有八进制转义字符和十六进制转义字符，如'101'，'\x41'均代表字母'A'，其中八进制的 101 和十六进制的 41 均和十进制的 65 等价。

另外需注意，转义字符表示方式中的八进制整数不需以 0 开头，十六进制整数需以 x 开头，而表示整型常量的八进制和十六进制表示方式必须以 0 和 0x 开头。

2.3.4　字符串常量

由若干个字符组成的字符序列称为字符串，在 C 语言中，用西文半角双引号将字符序列括起来表示字符串常量，如"Good morning!"、"123"、"A"、"abcde" 都是合法的字符串常量。

字符串在进行存储时，除要存储字符序列外还要在末尾存放一个结束标志'\0'。'\0' 是转义字符的八进制表示方式，代表 ASCII 码为 0 的字符，表示该字符串常量到此结束。例如，字符串常量"abcde"在内存中的存储方式如下：

a	b	c	d	e	\0

字符串的长度不包括'\0'，所以为 5，但占用的内存空间字节数为 6。

需要特别注意'A'和"A"的区别。前者表示字符常量，在内存中占用一个字节；后者表示字符串常量，在内存中占用 2 个字节。另外，字符常量不能为空字符，即两个单引号不能紧密相连，而字符串常量可以为空字符串，此时字符串的长度为 0，占用内存的字节数为 1。

2.3.5　符号常量

C 语言中可以用一个标识符来代表一个常量，称为符号常量，其定义格式为：

```
#define 标识符　常量数据
```

例如：

```
#define ESC 27
```

【例 2.1】输入圆的半径，输出圆的面积。

```
#include<stdio.h>
#define PI 3.14159
void main()
```

```
    {
        float area,r;
        scanf("r=%f",&r);
        area=r*r*PI;
        printf("area=%f",area);
    }
```

程序中定义符号常量 PI 代表常量 3.14159，在编译时，遇到 PI 就会用常量 3.14159 代替。

使用符号常量的好处是"一处修改，处处修改"。C 语言规定，每个符号常量的定义占据一行，且尾部没有分号。为了和变量相区别，建议使用全是大写字母的标识符表示符号常量。

2.4　变　量

在程序的运行过程中可变的量称为变量。一个变量有三个要素，即变量名、变量所占存储空间和变量值。所有的变量必须先定义后使用。

2.4.1　变量的定义

变量定义语句的一般格式为：

「存储类型」 数据类型　变量名 1「,变量名 2,……,变量名 n」

其中，「」中内容为可选项，存储类型具体内容将在第7章介绍。数据类型可以是char、int、float等基本数据类型，也可以是数组、结构体等构造类型，不同数据类型的变量占用不同大小的内存空间，保存不同数据类型的常量。变量名遵循标识符的构成规则，如果一次定义多个变量，则变量名之间用,分隔。最后的分号是C语言中语句的结束标志，不能省略。例如：

```
int a;                  //定义了 1 个占 4 个字节的整型变量 a
char ch1,ch2;           //定义了 2 个占 1 个字节的字符变量 ch1,ch2
double d1,d2;           //定义了 2 个占 8 个字节的双精度实型变量 d1,d2
```

2.4.2　变量赋初值

变量在使用时必须有合适的值，给变量赋初值的方法有以下两种。

(1) 定义的同时赋初值，也称变量的初始化。例如：

```
int a=12;
char c1='A',c2='B';
```

(2) 先定义后赋初值。例如：

```
int a,b;
a=12;
b=-24;
```

此处的=在 C 语言中称为赋值运算符，表示将右边表达式的值存入左边变量所对应的存储空间中。

2.4.3 常变量

在 C 语言中还有一种变量称为常变量，定义时需加 const 关键字，例如：
const double pi=3.14159;

常变量 pi 具有变量的三要素特征，即变量名、变量所占存储空间和变量值，但定义时必须赋初值，且其值在程序的运行过程中不允许被改变。

2.5 运算符和表达式

运算符是 C 语言中的一种单词，它的主要作用是与操作数构造表达式，实现某种运算。运算符可按其操作数个数划分为 3 类：单目运算符(一个操作数)、双目运算符(两个运算符)和三目运算符(三个运算符)；按功能划分，C 语言的运算符有如下几类：

(1) 算术运算符：+、-、*、/、%、++、--

(2) 关系运算符：>、<、==、>=、<=、!=

(3) 逻辑运算符：!、&&、||

(4) 位运算符：<<、>>、~、|&、^

(5) 赋值运算符：=、+=、-=、*=、/=、%=、>>=、<<=、&=、^=、|=

(6) 条件运算符：？：

(7) 逗号运算符：，

(8) 指针运算符：*、&

(9) 求字节数运算符：sizeof

(10) 强制类型转换运算符：(数据类型)

(11) 下标运算符：[ ]

(12) 分量运算符：.、->

2.5.1 运算符的优先级与结合性

C 语言表达式中可以出现多个运算符和操作数，计算表达式时必须按照一定的次序，运算符的优先级和结合性规定的运算次序进行计算。C 运算符的优先级与结合性如表 2.4 所列。在表达式中加括号会改变运算符的优先级和结合性。

表 2.4 各类运算符的优先级与结合性

优先级	运 算 符	含 义	运算符目数	结合方向
1	( )	圆括号运算符	双目运算符	自左至右
	[ ]	下标运算符		
	.、->	下标运算符		

优先级	运 算 符	含 义	运算符目数	结合方向
2	!	逻辑非运算符	单目运算符	自右至左
	~	按位取反运算符		
	++、--	自增、自减运算符		
	+、-	正、负号运算符		
	(数据类型)	类型转换运算符		
	*	指针运算符		
	&	取地址运算符		
	sizeof	求类型长度运算符		
3	*、/、%	乘法、除法、求余运算符	双目运算符	自左至右
4	+、-	加减法运算符		
5	<<、>>	左移右移运算符		
6	<、<=、>、>=	关系运算符		
7	==、!=	关系运算符		
8	&	按位与运算符		
9	^	按位异或运算符		
10	|	按位或运算符		
11	&&	逻辑与运算符		
12	||	逻辑或运算符		
13	?:	条件运算符	三目运算符	自右至左
14	=、+=、-=、*=、/=、%=、>>=、<<=、&=、^=、|=	赋值及复合赋值运算符	双目运算符	
15	,	逗号运算符		自左至右

2.5.2　算术运算符和算术表达式

在 C 语言中，算术运算符可以分为基本算术运算符和自增自减运算符。

1. 基本算术运算符及表达式

单目算术运算符有+(正号)和-(负号)，双目算术运算符有+(加)、-(减)、*(乘)、/(除)、%(取余)。

其中，单目运算符的优先级高于双目运算符，双目运算符中*、/、%的优先级高于+、-的优先级，在优先级相同的情况下，结合方向为自右向左。

(1) 如果运算符两侧的运算数的数据类型不同，则需要先自动进行类型转换，转换为同一种类型后再运算，其转换规则遵循 2.5.7 节中的类型隐式转换规则。

(2) 除(/)运算的运算结果与操作数的数据类型有关。如果两个操作数均是整型，则结果也为整型，小数部分被直接去掉；如果其中一个操作数为实型，则结果也为实型。例如：

```
int a= 5/2;
```

则变量 a 中的值为 2。

```
float a ;
a=5/2.0;
```

则变量 a 中的值为 2.5。

```
float a ;
a=5/2;
```

虽然 a 被声明为实型，但语句的执行过程是先计算 5/2 的值，然后再放入变量 a 中，因此， a 的值是 2.000000，而非 2.5。

(3) 取余(%)运算的操作数只能是整型数据。例如：

```
int a=5%2;
```

则变量 a 中的值为 1，即：5 除以 2，余数为 1。

(4) 字符型数据也可以参与算术运算。例如：

```
int a='a'+1;
```

则变量 a 中的值为 98，即用字母 a 的 ASCII 码值 97 加 1 得 98。

2.自增、自减运算符及表达式

自增运算符(++)和自减运算符(--)是 C 语言中常用的单目运算符，其操作数只能是变量，其作用是将变量的值增 1 或减 1。其结合方向为自右至左，其优先级与正、负号优先级相同。

根据表达式中运算符的位置，可分前置和后置两种形式。

前置形式：运算符在前，如++n，--n，其功能是先加(减)1，后使用。

后置方式：运算符在后，如 n++，n--，其功能是先使用，后加(减)1。

例如：

```
int a=10;
int b=++a;        /*前置++*/
```

执行过程为：

(1) 先加 1，即 a 先自加 1 变为 11。

(2) 后使用，即把 a 中的值 11 赋值给 b。

因此，执行结果为 a、b 的值均为 11。

如果修改为：

```
int a=10;
int b=a++;        /*后置++*/
```

执行过程变为：

(1) 先使用，即先把 a 中的值 10 赋值给 b。

(2) 后加 1，即 a 中的值自加变为 11。

因此，执行结果变为： a 的值为 11，b 的值为 10。

自增、自减运算符增加了 C 语言的灵活性和简练性，但在复杂的表达式中过多使用++和--也很容易出现意想不到的结果。并且不同的编译系统对同一个表达式的解释方式也不尽相同，因此建议初学者谨慎使用。例如：

```
int a=10;
```

```
int b=(a++)+(a++);
```
VC++ 6.0 中的执行过程为：

(1) 先使用，即先把 a 中的值 10 取出来，相加后得 20，赋给变量 b。

(2) 后加 1，即 a 中的值再自加两次，变为 12。

因此，执行结果为：a 的值为 12，b 的值为 20。

再如：
```
int a=10;
int b=(++a)+(++a);
```
VC++ 6.0 中的执行过程为：

(1) 先加 1，即 a 中的值再自加两次，变为 12。

(2) 后使用，即将 a 中的值 12 取出来，相加后得 24，赋给变量 b。

因此，执行结果变为：a 的值为 12，b 的值为 24。

2.5.3　关系运算符和关系表达式

1. 关系运算符

比较两个数据给定关系的运算符称为关系运算符。C 语言中提供了 6 个关系运算符：>(大于)、<(小于)、>=(大于等于)、<=(小于等于)、==(等于)、!=(不等于)。

关系运算符是双目运算符，其中前 4 个的优先级高于后面 2 个的优先级，但都比算术运算符的优先级低，其结合方向为自左向右。

2. 关系表达式

由关系运算符和操作数组成的表达式称为关系表达式。如果关系成立，则结果为真，在 C 语言中用 1 表示；关系不成立，则结果为假，在 C 语言中用 0 表示。例如：

int x=2,y=4,z=6;

x+y>0 (比较表达式 x+y 是否大于 0，值为真)

x+y!=z (比较表达式 x+y 是否不等于 z，值为假)

x<'a' (比较 x 是否小于字母 a 的 ASCII 码值 97，值为真)

需要特别注意，在 C 语言中，比较两个表达式是否满足等于关系的运算符是双等于号(==)，而单等于号(=)在 C 语言中是赋值运算符，含义为将右边表达式的值赋给左边的变量。读者在使用时一定要把两者严格区分开。

2.5.4　逻辑运算符和逻辑表达式

1. 逻辑运算符

C 语言中共有 3 个逻辑运算符：!(逻辑非)、&&(逻辑与)、||(逻辑或)。

其优先级顺序是 ! 的优先级高于算术运算符，而&&和||的优先级介于赋值运算符和关系运算符之间。其结合方向为自左向右。

在 C 语言中没有逻辑类型，如果表达式值为非 0，则为真，用 1 表示；如果表达式值为 0，则为假，用 0 表示。

! (逻辑非)为单目运算符，如果操作数为真(非 0)，则结果为假(0)；如果操作数为假(0)，则结果为真(1)。

&&(逻辑与)为双目运算符，如果两个操作数都为真(非 0)，则结果真(1)；否则结果为假(0)。如果第一个操作数为假，则直接判定结果为假，而不再判断第二个操作数。

||(逻辑或)为双目运算符，如果其中一个操作数为真(非 0)，则结果为真(1)；若两个操作数均为假(0)，则结果为假(0)。如果第一个操作数为真，则直接判定结果为真，不再判断第二个操作数。

2. 逻辑表达式

由逻辑运算符构成的表达式称为逻辑表达式。例如：

```
int x=0,y=3,z=8;
!x              (结果为真，即为1)
x&&(y>0)        (和 x&&y>0 等价，结果为假，即为 0)
x>y||z          (和(x>y)||z 等价，结果为真，即为 1)
```

在 C 语言中，如果要表示 x 介于 0~10 之间，正确的逻辑表达式为：x>=0&&x<=10，初学者往往会写作：0<=x<=10，而此逻辑表达式的计算方式为：先计算 0<=x，然后用其结果(1 或 0)比较是否小于等于 10。

逻辑表达式中如果有赋值运算符时需特别注意逻辑运算符的判定规则。例如：

```
int x=10;
x||x=20     (表达式值为真，x 的值为 10)
```

根据逻辑或的判定规则，x 中的值为 10，非 0，所以直接判定结果为真，不再执行第二个操作数表达式，因此 x 中的值仍然是 10。同样，

```
int x=10;
x<0&&x=20   (表达式值为假，x 的值为 10)
```

根据逻辑与的判定规则，第一个操作数表达式 x<0 为假，所以直接判定结果为假，不再执行第二个操作数表达式。

2.5.5 赋值运算符与赋值表达式

在 C 语言中，单等于号(=)称为赋值运算符，是一个优先级仅高于逗号运算符的双目运算符，结合方向为自右至左。其作用是将其右边表达式的值赋给左边变量，更确切一些，是将右边表达式的值放入到左边变量所对应的内存单元中。例如：

```
int x=10,y;     /*在变量定义时，将 10 赋给变量 x*/
y=3*x;          /*将 3*y 即 30 赋给变量 y*/
```

赋值表达式除常在其后加分号构成赋值语句之外，也常用于条件判断中，如 y=3*x 用于条件判断，则含义为：先将 3*y 即 30 赋给变量 y，然后判断 y 值是否为 0，如果为 0，则结果为假(0)；如果为非 0，则结果为真(1)。

再次提醒读者，一定要把常用于条件判断的关系运算符==(读作：等于)与赋值运算符=(读作：赋给)区分开。例如，y==3*x 是判断表达式 y 与 3*x 是否相等，如果相等则值为真(1)，否则为假(0)。与 y=3*x 含义完全不同。

为提高编译效率，C 语言还提供了 10 个双目复合赋值运算符：+=(加赋值运算符)、-=(减赋值运算符)、*=(乘赋值运算符)、/=(除赋值运算符)、%=(取余赋值运算符)、&=(位与赋值运算符)、^=(异或赋值运算符)、|=(位或赋值运算符)、<<=(左移赋值运算符)、>>=(右

26

移赋值运算符)。

以+=为例，说明复合赋值运算符的使用形式及功能。例如：

```
x+=10
```

等价于 x=x+10，功能是将左边变量的值取出来，加上右边操作数之后再赋给左边的变量。

2.5.6　其它运算符与表达式

1. 逗号运算符和逗号表达式

在 C 语言中，逗号(,)也作为运算符，其功能是将多个子表达式连接起来构成一个逗号表达式。该运算符的优先级最低，结合方向为自左至右。其一般使用形式为：

表达式 1，表达式 2，…，表达式 n

其执行过程为：自左至右依次计算表达式 1 至表达式 n 的值，最后将表达式 n 的值返回作为整个逗号表达式的值。例如：

```
int x=2,y=3,z;      /*此语句中的逗号是起间隔变量作用的间隔符，不是逗号运算符*/
z=(x+y,y+=x,x+y);   /*此语句中的逗号是构成逗号表达式的逗号运算符*/
```

执行过程为：

(1) 计算 x+y 的值为 5；

(2) 计算 y+=x 的值，因为这是一个复合赋值表达式，所以 y 值变为 5；

(3) 计算 x+y 的值为 7，并将 7 作为整个逗号表达式的值赋给变量 z。

因此，执行完毕后，x 的值为 2，y 的值为 5，z 的值为 7。

需要特别注意，如果逗号出现在变量的定义语句或函数的参数列表中，则认为逗号是一个起间隔作用的间隔符，而不是运算符。

2. sizeof 运算符

sizeof 运算符是一个单目运算符，用于获得操作数所占存储空间的字节数。操作数可以是表达式或数据类型名，使用格式为：

sizeof(类型名或表达式)

如果操作数为类型名，则是计算该数据类型的数据所占存储空间的字节数，例如：

sizeof(int)

在 VC++ 6.0 中值为 4，这时类型名两边的括号不能省略。

如果操作数是表达式，则括号可以省略，但需注意表达式中运算符的优先级，例如：

int x=9;

sizeof x 与 sizeof(x)等价，都是计算变量 x 所占存储空间的字节数，值为 4。但 sizeof x+1 则因为 sizeof 运算符的优先级高于算术运算符，而与 sizeof(x)+1 等价。如果要计算表达式 x+1 的值所占存储空间的大小，必须写为：sizeof(x+1)。

注意：不同数据类型的数据占用内存的大小是由机器的字长和编译系统决定的，本书中程序使用的是基于 32 位机的 VC++ 6.0 编译系统，int 类型数据占用的内存是 4 个字节。而基于 16 位机的 Turbo C 编译系统，int 类型数据占用的内存是 2 个字节。

2.5.7　数据的类型转换

在 C 语言中，不同数据类型的数据可以在一个表达式中出现，但运算时需要转换为相同类型，转换方式可以分为隐式转换和强制转换两种。

1. 隐式转换

隐式转换也称为自动转换，是编译系统自动完成的转换。隐式转换规则为：低类型数据转换为高类型数据。类型越高，数据的表示范围越大，精度越高，占用的内存空间也就越大。这种转换是安全的，因为在转换过程中数据的精度没有损失。C 语言中，各种数据类型的高低顺序及转换规则如图 2.2 所示。

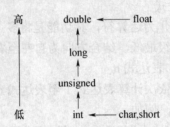

图 2.2　数据类型隐式转换规则图

其中，纵向是需要时才转换。如表达式 5+2.3，两者数据类型不一致，需要将 int 型的 5 转换为与 2.3 一致的 double 型，即 5.0，然后再相加。

横向是为提高运算精度而进行的必然转换。如定义 int 类型的变量 a 和 b，则表达式 a+b 的运算过程是把 a 和 b 自动转换为 int 类型再相加，相加后的最终结果为 int 类型。

需要特别注意的是，赋值语句中的隐式转换会有所不同，无论赋值运算符右边的表达式的值是什么数据类型，都会自动转换为左边变量的数据类型。例如：

```
float a;
a=5/2;
```

表达式 5/2 的结果为 2，赋给实型变量 a 时数据不变，但要存储为实数形式，即 2.0。

```
int b;
b=3.8;
```

将实型数据 3.8 赋给整型变量 b 时，要将 3.8 转换为整型。在 C 语言中，实型数据转换为整型数据的方式是直接将实型数据的小数部分舍弃，因此 b 中的值为 3。

2. 强制转换

强制转换也称为显式转换，是利用强制类型转换运算符将一个表达式的值转换成某种数据类型，其使用格式为：

(类型名)(表达式)

例如：

```
int b=5;
float a=(float)(b/2);
```

执行过程为：计算 b/2 的值为 2，然后强制转换为实型 2.0，最后将 2.0 赋给变量 a。

如果第二条语句修改为：

```
float a=(float)b/2;
```

执行过程为：先将 b 的值转换为实型 5.0，然后计算 5.0/2 的值得 2.5，最后将 2.5 赋给变量 a。

2.6 典型例题

【例 2.2】以下选项中不合法的标识符是(　　)。

　A. Main 　　　　　B. _0 　　　　　C. _int 　　　　　D. sizeof

程序分析：C 语言中，标识符的构成规则为：由字母或下划线开头；由字母、数字或下划线组成；不能是 C 关键字。在 C 语言中严格区分大小写、中英文、全角半角，所以，只有 sizeof 是关键字不能用作标识符。因此答案为 D。

【例 2.3】设有定义：int x=2;，以下表达式中，值不为 6 的是(　　)。

　A. x*=x+1 　　　　B. x++,2*x 　　　　C. x*=(1+x) 　　　　D. 2*x,x+=2

程序分析：选项 A 和选项 C 运算过程相同，即 x=x*(x+1)，表达式的值为 2*(2+1)=6；选项 B 是逗号表达式，首先计算 x++，x 值变为 3；然后计算 2*3=6，然后返回最后一个表达式的值 6 作为整个逗号表达式的值。选项 D 首先计算 2*x 的值得 4，然后计算 x+=2 的值即 x=x+2 得 4，所以整个逗号表达式的值为 4。因此答案为 D。

【例 2.4】以下选项中不属于字符常量的的是(　　)。

　A.' c' 　　　　　B.' \xCC' 　　　　C. "C" 　　　　　D.' \072'

程序分析：C 语言的字符常量有单引号、数值和转义字符三种表示形式，转义字符表示形式中可以采用以 x 开头的十六进制形式，也可以采用 8 进制形式。而双引号引起来的是字符串常量。因此正确答案为 C。

习　题

一、选择题

1. 以下选项中合法的标识符是(　　)。

　A.1_1 　　　　　B.1-1 　　　　　C._11 　　　　　D. 1_

2. 以下选项中可作为 C 语言合法常量的是(　　)。

　A.-80. 　　　　　B. -080 　　　　C. -8e1.0 　　　　D. -80.0e

3. 以下选项中,不能作为合法常量的是(　　)。

　A.1.234e04 　　　B.1.234e0.4 　　　C.1.234e+4 　　　D. 1.234e0

4. 在 C 语言中，int, char 和 short　int 三种类型变量所占用的内存大小是(　　)。

　A. 均为 2 个字节 　　　　　　　B. 由用户自己定义

　C. 由所用机器的字长决定 　　　　D. 是任意的

5. 设有说明语句：char m='\63';则变量 m(　　)。

　A.包含 1 个字符 　　　　　　　B. 包含 2 个字符

　C. 包含 3 个字符 　　　　　　　D. 说明不合法

6. 在 C 语言中，数字 031 是一个(　　)。

　A. 八进制数 　　　B.十六进制数 　　　C.十进制数 　　　D. 非法数

7. 若有以下类型说明语句：

char a；int b；float c；short int d；

则表达式(c*b+a)*d 的结果类型是(   )。

A. char   B. int   C. double   D. float

8. 设 x,y 为 int 型变量，则执行下列语句后，y 的值是(   )。

```
x=5;
y=x++*x++;
y=--y*--y;
```

A. 529   B. 2401   C. 1209   D. 625

二、填空题

1. 在 C 语言程序中，用关键字_____定义基本整型变量，用关键字_____定义字符型变量。

2. 若 a、b 定义为 int 型变量且 a 的初值为 3，则执行 b=a++;后 a 的值为_____，变量 b 的值为_____。

3. 在 C 语言中，字符常量的表示方法有_____表示法，_____ 表示法，_____表示法。

第3章 顺序结构程序设计

从程序流程控制的角度出发，程序可以分为顺序结构、选择结构和循环结构三种基本结构。C 语言提供了多种控制语句实现以上基本结构，以构成各种不同功能但始终遵循这三种基本结构的复杂程序。本章介绍的最简单的顺序结构指组成程序的语句按出现的先后顺序逐条执行，其流程图如图 3.1 所示，即语句 1 执行完毕后，再执行语句 2。

图 3.1　顺序结构流程图

3.1　语　句

程序包括数据描述和数据操作两部分。数据描述主要是通过数据类型定义数据结构和数据初值，而数据操作则是通过语句来实现对数据的加工处理工作。

C 语言的语句包括以下四类：

(1) 表达式语句。是由表达式加一个分号组成，其一般格式为：

表达式；

赋值语句和函数调用语句是表达式语句的典型用法。

例如：赋值语句如 x=y+z;是由赋值表达式 x=y+z 和一个分号组成，其含义为把表达式 y+z 的值计算出来赋给变量 x。其中仅仅由表达式 y+z 加分号即 y+z;也可以构成语句，但这样只计算表达式 y+z 的值，而计算结果不能保留，所以无实际意义。

又如：函数调用语句如 printf("Hello!");是由一次函数调用和一个分号组成，其作用是先把实际参数赋予函数定义中的形式参数，然后执行被调函数体中的语句。关于函数调用的详细信息将在第 7 章介绍。

(2) 空语句。空语句是只由一个分号;组成的语句，它什么都不做，一般用来占位、作被转向点或空循环体。

(3) 流程控制语句。其作用是用于控制程序的流程走向，实现程序的顺序、选择和循环三种基本结构。

C 语言中有 9 种流程控制语句，都是由特定的语句定义符组成，可分成条件、循环和转向三类语句(其具体使用方式参见第 4 章、第 5 章)：①条件语句, if 语句, switch 语

31

句。②循环语句，do while 语句，while 语句，for 语句。③转向语句，break 语句，goto 语句，continue 语句，return 语句。

(4) 复合语句。把多个语句用一对大括号"{}"括起来可以组成一条复合语句。在 C 语言中，一条复合语句被视为一条语句，而不是多条语句。例如：

```
{
    temp=a;
    a=b;
    b=temp;
}
```

是一条复合语句。复合语句内的各条语句可以是上述表达式语句、空语句、流程控制语句中的任何一种，并且复合语句可以嵌套使用，即在一条复合语句中可以包含一条或多条复合语句。

注：在 C 语言中，一条语句可以写在几行上，一行也可以写几条语句，但为了提高程序的可读性，最好一行写一条语句。

3.2　数 据 输 出

数据输入是指把数据按照所要求的格式从计算机输入设备(如鼠标、键盘、扫描仪等)送入计算机内的操作。数据输出是计算机对各类数据进行加工处理后，将结果以用户所要求的形式送到计算机输出设备(如显示器、磁盘、扫描仪等)上的操作。

C 语言中并没有提供数据输入/输出语句，而是通过调用标准库函数中提供的输入/输出函数来实现数据的输入/输出操作。下面要介绍的标准输入、输出函数 putchar，printf，getchar，scanf 等函数原型都包含在头文件 stdio.h 中，如果要使用它们需在程序的开头使用预编译命令#include 将 stdio.h 文件包含到程序中。需要说明的是，在 VC++ 6.0 中，不包含 stdio.h 文件也可正常使用，但编译时会出现警告信息。

本小节介绍的是向标准输出设备——显示器输出数据的字符输出函数 putchar 和格式输出函数 printf。

3.2.1　字符输出函数 putchar

字符输出函数 putchar 的功能是在显示器上输出一个字符，其一般调用格式为：

```
putchar(ch)
```

其中，ch 是要在显示器上输出的字符，可以是整型(但范围有限制)、字符型变量或常量。其返回值如果输出成功则返回成功输出的字符，即参数 ch；若输出失败则返回 EOF。其中，EOF 是使用语句#define EOF -1 定义的符号常量。

【例 3.1】字符输出测试程序。

```
#include <stdio.h>        //把头文件 stdio.h 包括到文件中
void main()
{
```

```
    char a='h';                //定义字符型变量
    int b=101;                 //101 为字符 e 的 ASCII 码值, 字符型可被当作特殊的整型
    putchar(a);                //输出字符型变量值
    putchar(b);                //输出整型变量值
    putchar('l');              //输出字符型常量
    putchar('\154');           //输出转义字符, 注意转义符后的 154 是八进制数
    putchar(111);              //输出整型常量, 111 是字符 o 的 ASCII 码值
}
```

程序运行结果为: hello

3.2.2 格式输出函数 printf

格式输出函数 printf 的功能是按用户指定的格式在显示器上输出若干个任意类型的数据。在前面的例题中我们已多次使用过这个函数。

1. printf 函数的一般调用格式

printf(格式控制串, 输出列表)

例如:

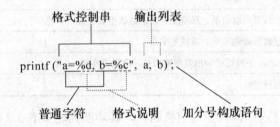

函数参数可以分成两部分:

(1) 格式控制串也称转换控制字符串, 是用双引号括起来的常量字符串, 用于指定输出数据项的类型和格式, 包括两种信息: ①格式说明项, 由%和格式说明组成, 如例中的%d, %c, 其作用是将输出的数据转换为指定格式输出。②普通字符, 即需要原样输出的字符, 在输出结果中起提示作用。如例中的 a=和,b=。

(2) 输出列表是需要输出的一些数据项, 可以是常量、变量或表达式。例如: 假如 a 值为 6, b 值为 A, 那么输出为 a=6,b=A。其中, 格式控制串中的%d 对应变量 a, 表示此处要以整数的形式输出变量 a 中的内容。%c 对应变量 b, 表示此处要以字符的形式输出变量 b 中的内容。除此之外, 其它均为普通字符, 按原样输出。输出列表中的第 i 数据项对应第 i 个格式说明项。

格式控制串和输出列表实际上都是 printf 函数的参数, 因此, printf 函数也可表示为:

printf(参数 0,参数 1, 参数 2, …, 参数 n)

其功能为将参数 1~参数 n 分别按照参数 0 中第 1~n 个格式说明项所指定格式输出。这里需要特别注意两点: ①如果函数的参数(除参数 0 外)个数有 n 个, 那参数 0 中一定也要有 n 个格式说明项。如果小于 n, 则多余的参数将不输出, 如果大于 n, 则输出不定值。②第 i 个参数的类型一定要和参数 0 中第 i 个格式说明项一致, 否则会输出错误结果。

2. 格式说明

在 VC++ 6.0 中格式说明项的一般形式为:

%「标志」「输出最小宽度」「.精度」「长度」格式字符

由一般形式可以看出,格式说明项必须以%开头,以一个格式字符结束,中间根据需要插入标志等控制信息。

(1) 格式字符:表示输出数据的类型,允许使用的格式字符及其功能描述如表 3.1 所列。在多数编译系统中(包括 VC++ 6.0),这些格式字符只允许用小写字母,因此建议用户养成格式字符使用小写字母的习惯,以提高程序的通用性。

表 3.1　格式字符功能描述表

格式字符	功　能　描　述
d	以十进制形式输出带符号整数(正数不输出符号)
o	以八进制形式输出无符号整数(不输出前缀 O)
x	以十六进制形式输出无符号整数(不输出前缀 Ox)
u	以十进制形式输出无符号整数
c	输出一个字符
s	输出一个字符串
f	以小数形式输出单、双精度实数,默认小数位数为 6 位
e	以指数形式输出单、双精度实数
g	以%f%e 中较短的输出宽度输出单、双精度实数
%	输出符号%

(2) 标志:标志字符有-、+、#、空格四种,其功能描述如表 3.2 所列。

表 3.2　标志字符功能描述表

标志字符	功　能　描　述
空格	输出数据为正时前面冠以空格
－	输出结果左对齐,右边填充空格
＋	输出数据前冠以符号(正号或负号)
#	对 c, s, d, u 类无影响;对 o 类,在输出时加前缀 o;对 x 类,在输出时加前缀 0x;对 e, g, f 类当结果有小数时才给出小数点

(3) 输出最小宽度:用十进制整数表示输出数据的最少位数。如果实际位数多于定义宽度,则按实际位数输出,若实际位数少于定义的宽度则补以空格或 0。

(4) 精度:如果输出数据为实数,则表示小数的位数;如果输出的是字符串,则表示输出字符的个数。精度格式符必须以"."开头,后面紧跟十进制整数。

(5) 长度:长度格式符有 h 和 l 两种,h 表示按短整型输出;l 表示按长整型输出。均用于 d、o、x、u 类后面。

【例 3.2】验证下面程序的运行结果。

```
void main()
```

```
{
    int a=15;
    float b=138.3576278;          //float 类型的数据有效位数为 7 位，b 中数据已经
    double c=35648256.3645687;  //超过 7 位，因此，输出时会有误差
    char d='p';
    printf ("%d, %o, %x\n", 10, 10, 10);
    printf ("%d, %d, %d\n", 10, 010, 0x10);
    printf ("%d, %x\n", 012, 012);
    printf("a=%d, %+d, %5d, %o, %x\n", a, a, a, a, a);
    printf("b=%f, %lf, %5.4lf, %e\n", b, b, b, b); //%f、%lf 默认的输出小数位
    数为 6 位
    printf("c=%lf, %f, %8.4lf\n", c, c, c);
    printf("d=%c, %8c\n", d, d);
}
```

程序运行结果为：

10, 12, a

10, 8, 16

10, a

a=15, +15,   15, 17, f

b=138.357620, 138.357620, 138.3576, 1.383576e+002

c=35648256.364569, 35648256.365469, 35648256.3646

d=p,   p

需要特别注意的是，printf 函数对输出列表中各参数的处理是采用栈的方式，即首先将各参数表达式按从右到左的顺序边处理边入栈，然后再按从左到右的顺序边出栈边输出。例如：

```
int i=0;
printf("i=%d, ++i=%d, ++i=%d\n", i, ++i, ++i);
```

输出结果为：i=2, ++i=2, ++i=1

执行过程为：首先从右向左开始处理输出列表中的参数：i 自加 1 后值为 1 入栈，i 自加 1 后值为 2 入栈，i 的值 2 入栈；然后输出栈中的三个数：2，2，1。

```
int i=1;
printf("i=%d, i++=%d, i++=%d\n", i, i++, i++);
```

输出结果为：i=1, i++=1, i++=1

执行过程为：首先从右向左开始处理输出列表中的参数：i 的值为 1 入栈，i 的值为 1 入栈，i 的值为 1 入栈；然后输出栈中的三个数：1，1，1。输出完毕后 i 自加 1 两次，i 的值变成 3。

3.3 数据输入

本小节介绍从标准输入设备——键盘上输入数据的标准输入函数 getchar 和 scanf。

3.3.1 字符输入函数 getchar

getchar 函数是一个简单有效的无参函数，其功能是从键盘上输入一个字符。其一般调用格式为：

getchar( )

getchar 函数只能接收单个字符，如果输入为数字也按字符处理。如果输入多于一个字符，则只接收第一个字符。因此 getchar 函数多用于在循环中对接收的多个字符进行不同的处理。

【例 3.3】getchar 函数应用测试。

```
#include <stdio.h>
void main()
{    char c, d;
    printf("Please input:\n");
    c=getchar();    //接收一个字符，将该字符的 ASCII 值赋给变量 c
    d=getchar();
    putchar(c);    //把 c 中所对应字符输出
    putchar(d);
}
```

如果输入 cd<CR>，则程序的运行结果为 cd。

使用 getchar 函数时需要注意以下问题：

(1) 使用 getchar 接收字符时，必须在输入所有字符后按回车键函数才能接收数据。

(2) 空格、Tab 键以及回车都会作为一个 getchar 函数能接收的有效字符。如例 3.3 中，如果输入 a<CR>b<CR>，则输出为 a<CR>，即变量 c 接收字符 a，变量 d 接收回车符。

3.3.2 格式输入函数 scanf

scanf 函数是与 printf 函数相对应的一个标准输入库函数，其功能为接收从键盘输入的任意类型的任意多个数据。

1. scanf 函数的一般调用格式

scanf(格式控制串，地址列表)

例如：

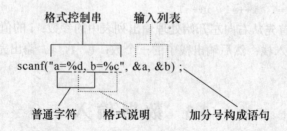

函数参数与 printf 函数类似，也可以分成两部分：

(1) 格式控制串用于指定输入时数据的接收类型和格式，同样包括格式说明项和普通字符两种信息。格式说明项用于指定接收类型，如例中的%d 和%c，普通字符用于指定接收格式，如例中 a=和，b=。

(2) 输入列表用于指定输入数据在内存中的存储地址，由地址运算符&和变量名组成，代表各变量的地址或字符串首地址，如例中的&a 和&b。

例中 scanf 函数的作用是：从键盘输入一个整型数据(%d 指定)和一个字符数据(%c 指定)，并把整型数据按变量 a 的地址(&a 指定)存到内存中，字符数据按变量 b 的地址(&b 指定)存到内存中。运行时数据的输入方式是(CR 表示回车键 Enter)：

```
a=26，b=e<CR>
```

运行结果为：26 被存放在变量 a 中，e 被存放在变量 b 中。

2. 格式说明

在 VC++ 6.0 中格式说明项的一般形式为：

%「*」「宽度」「长度」格式字符

由一般形式可以看出，scanf 函数和 printf 函数的格式说明项相似，仍然必须以%开头，以一个格式字符结束，中间根据需要插入标志等控制信息。

(1) 格式字符：表示输入数据的类型，允许使用的格式字符和其功能描述如表 3.3 所列。

表 3.3　格式字符功能描述表

格式字符	功 能 描 述	格式字符	功 能 描 述
d	输入十进制整数	c	输入一个字符
o	输入八进制整数	s	输入一个字符串
x	输入十六进制整数	f 或 e	输入实型数(用小数形式或指数形式)
u	输入无符号十进制整数		

(2) "*"符:用以表示该输入项读入后不赋予相应的变量，即跳过该输入值。如

```
scanf("%d%*d%d", &a, &b);
```

当输入如下信息时：

```
1□2□6<CR>
```

系统会将 1 赋予 a，6 赋予 b，而 2 被跳过，不赋予任何变量。

(3) 宽度：用十进制正整数指定输入数据所占列数，系统会按它自动截取所需数据。如：

```
scanf("%3d%2d", &a, &b);
```

输入：88482<CR>

系统自动将 884 赋予变量 a，而 82 赋予变量 b。

(4) 长度：长度格式符有 l 和 h 两种，l 表示输入长整型数据(如%ld，%lo，%lx)和双精度浮点数(如%lf)。h 表示输入短整型数据(如%hd，%ho，%hx)。

3. 使用 scanf 函数时需注意的问题

(1) 虽然 scanf 函数的本质是给变量赋值，但 scanf 函数的地址列表中要求给出的是变量的地址，如果给出变量名则会出错。这一点一定要和 printf 函数区分开来。

如 scanf(″%d″，a)是非法的，应改为 scanf(″%d″，&a)。而 printf(″%d″，a)则是正确的。

(2) 格式说明符中指定的数据类型要和相应的接收变量的类型一致，如例中变量 a 为 int 类型，则相应的格式说明符应为 d。

(3) 当使用 scanf 函数从键盘输入数据完毕后，一定要按下回车键，函数才会接收到数据。如果输入的数据仍少于函数要求输入的数据，则函数会等待输入，直到满足函数要求或遇非法数据为止；如果输入的数据已经多于函数要求输入的数据，则多余的数据将留在缓冲区中作为下一次输入操作的输入数据。

(4) scanf 函数在接收数据时，遇到以下三种情况之一则认为当前数据结束：① 遇间隔符(空格、Tab 键和回车键)。② 遇宽度限制，如%3d，只取 3 列。③ 遇非法数据。如：

```
scanf("%d%c", &a, &b);
```

输入:12c34<CR>

则会把 12 赋予变量 a，把字符 c 赋予变量 b，而 34 留在缓冲区中。

再如：

```
scanf("%d%d", &a, &b);
```

输入：12c34<CR>

则会把 12 赋予变量 a，而变量 b 因为非法字符接收不到任何值(保持原值不变)。

(5) 如果格式控制串中有普通字符串(若干紧密相连的普通字符构成普通字符串)，则输入数据时的格式按照"普通字符串前不加间隔符"(即如果格式控制串为:普通字符串+格式说明项，则普通字符串和数据之间可以加入若干间隔符；如果格式控制串为：格式说明项+普通字符串，则数据和普通字符串之间不能加入任何间隔符)的原则输入即可，除非格式说明项中有宽度限制。

例如：假设整型变量 a，b 已经正确定义，如果利用语句

```
scanf("a=%d, b=%d", &a, &b);
```

把 23 输入到 a 中，把 56 输入到 b 中，则下面几种输入方式均合法(其中，□代表空格字符)：

① a=23，b=56<CR>　　　　　(不加间隔符，严格遵循输入格式)

② a=□23，b=56<CR>　　(普通字符串和数据间加入空格间隔符)

③ a=<Tab>23，b=□56<CR>　　(普通字符串和数据间加入 Tab 间隔符)

④ a=23，b=56□<CR>　　　　　(数据后面加入空格间隔符)

而下面两种情况则不能正确接收：

① <Tab>a=23，b=56<CR>　　(普通字符串前加入 Tab 间隔符，违背输入原则)

② a=23，□b=56<CR>　　(在普通字符串，b=中插入一个空格间隔符，由普通字符串不匹配而导致不能正确接收)

(6) 如果相邻两个格式说明项之间没有普通字符，则输入数据时两数据之间必须加入若干间隔符，除非格式说明项中有宽度限制。如：

```
scanf("%d%d", &a, &b);
```

输入方式应为：

「<间隔符>」12<间隔符「间隔符…」>34<CR>

如下面几种方式均合法：

① 12□34<CR>

②□12<Tab>34<CR>

③ 12<CR>

　　34<CR>

如果相邻两格式说明项中有宽度限制，则可以不加间隔符，如：

```
scanf("%2d%3d", &a, &b);
```

输入：

```
12345<CR>
```

即可把 12 赋予变量 a，345 赋予变量 b。

如果输入中加入间隔符，则间隔符和宽度限制先遇到谁，谁就起作用，如输入为：

```
1234<间隔符>5<CR>
```

则会将 12 赋予变量 a，34 赋予变量 b。如输入为：

```
1<间隔符>2345<CR>
```

则会将 1 赋予变量 a，234 赋予变量 b。

```
12<间隔符>345<CR>
```

也可起到相同的作用。

(7) 用%c 输入字符时，间隔符都作为有效字符输入，而不再起间隔数据的作用。如：

```
scanf("%c%c", &a, &b);
```

如果输入为：

```
a□b<CR>
```

则会把 a 赋予变量 a，把空格赋予变量 b。

3.4　典型例题

【例 3.4】若变量已正确定义为 int 型，要通过语句 scanf("%d, %d, %d", &a, &b, &c);给 a 赋值 1、给 b 赋值 2、给 c 赋值 3，以下输入形式中错误的是(注：□代表空格字符)(B)

A. □□□1，2，3<回车>　　　　　　　　B.1□2□3<回车>

C.1，□□□2，□□□3<回车>　　　　　D.1，2，3<回车>

程序分析：本例主要考察 scanf 函数的使用。使用 scanf 函数输入数据时一定要牢记"无普通字符串则数据之间必须加间隔符，有普通字符串则串前不加间隔符，有宽度限制的除外"的原则。在此例中，两个格式说明项之间均有普通字符，因此只要遵循"串前不加间隔符"的原则即可。选项 A、C、D 均满足此原则，而选项 B 普通字符串不能匹配，因此不能正确接收数据。

【例 3.5】若整型变量 a、b 中的值分别为 7 和 9，要求按以下格式输出 a、b 的值：

a=7

b=9

请完成输出语句：_____

程序分析：本例主要考察 printf 函数的使用。printf 函数的格式控制串由格式控制符和普通字符组成，格式控制项由后面相应的变量值代替，普通字符则原样输出。分析此题目，7 和 9 是整型变量 a，b 中的值，应该对应两个%d，"a=" 和 "b=" 是提示信息，属于普通字符，而显示信息分两行显示，说明第一行最后有一个换行符。因此，参考答案为：printf("a=%d\nb=%d"，a，b);

【例 3.6】输入正方形的边长，输出正方形的面积和周长。

程序分析：

(1) 定义实型变量 slide、area 和 circumference，分别用于存储边长、面积和周长；

(2) 利用输入函数 scanf 接收正方形的边长，并存入变量 slide；

(3) 利用正方形的面积和周长公式求出面积和周长，并分别存入变量 area 和 circumference；

(4) 利用输出函数 printf 输出变量 area 和 circumference 的值。

源程序清单：

```
#include <stdio.h>              //要使用 scanf 和 printf 最好包含 stdio.h
void main()
{
    float slide, area, circumference;
    scanf("%f", &slide);
    area=slide*slide;
    circumference=slide*4;
    printf("area=%6.2f\ncircumference=%6.2f\n", area, circumference);
}
```

【例 3.7】输入一个字符，输出它的 ASCII 值以及前驱、后继字符。

程序分析：

(1) 定义字符变量 ch1 用于存储一个字符；

(2) 利用输入函数 scanf 接收一个字符存入变量 ch1；

(3) 一个字符的前驱(后继)字符指这个字符的前(后)一个字符，利用输出函数 printf 输出 ch1 中字符的前驱和后继。

源程序清单：

```
#include <stdio.h>
void main()
{
    char ch1;
    ch1=getchar();             /*接收一个字符*/
    printf("ASCII of %c is %d\n", ch1, ch1); /*输出其 ASCII*/
    printf("the precursor of %c is %c\n", ch1, ch1-1); /*输出其前驱字符*/
    printf("the successor of %c is %c\n", ch1, ch1+1); /*输出其后继字符*/
}
```

习　题

一、选择题

1. 若变量均已正确定义并赋值，以下合法的 C 语言赋值语句是(　　)。

  A. x=y==5;　　　　B. x=n%2.5;　　　C. x+n=I;　　　　D. x=5=4+1;

2. 设变量均已正确定义，若要通过 scanf("%d%c%d%c", &a1，&c1，&a2，&c2); 语句为变量 a1 和 a2 赋数值 10 和 20，为变量 c1 和 c2 赋字符 X 和 Y。以下所示的输入形式中正确的是(　　)。(注：□代表空格字符)

  A. 10□X□20□Y〈回车〉　　　　　B. 10□X20□Y〈回车〉

  C. 10□X〈回车〉　　　　　　　　D. 10X〈回车〉

    20□Y〈回车〉　　　　　　　　　20Y〈回车〉

3. 有以下程序，其中%u 表示按无符号整数输出

```
main()
{unsigned int x=0xFFFF;    /* x 的初值为十六进制数 */
 printf("%u\n", x);
 }
```

程序运行后的输出结果是(　　)。

  A. -1　　　　　　　　B. 65535　　　　　C. 32767　　　　　　D. 0xFFFF

4. 有以下程序段

```
char ch;    int k;
ch='a';    k=12;
printf("%c, %d, ", ch, ch, k);    printf("k=%d\n", k);
```

已知字符 a 的 ASCII 十进制代码为 97，则执行上述程序段后输出结果是(　　)。

  A. 因变量类型与格式描述符的类型不匹配输出无定值

  B. 输出项与格式描述符个数不符，输出为零值或不定值

  C. a，97，12k=12

  D. a，97，k=12

二、填空题

1. 已知定义：char c=' '; int a=1, b;(此处 c 的初值为空格字符)，执行 b=!c&&a;后 b 的初值为_____。

2. 设变量已正确定义为整型，则表达式 n=i=2, ++i, i++的值为_____。

3. 执行以下程序后的输出结果是_____。

```
main()
{int a=10;
 a=(3*5, a+4);   printf("a=%d\n", a);
 }
```

4. 执行以下程序时输入 1234567，则输出结果是_____。

```
#include <stdio.h>
main()
{ int a=1, b;
scanf("%2d%2d", &a, &b);printf("%d%d\n", a, b);
}
```

三、编程题

1. 编写程序，输入一个非负数，输出以此数为半径的圆周长以及面积。

2. 编写程序，输出下面结果，注意，双引号也要输出：

"I'm a student!"

3. 编写程序，输入一个小写字母，将其转换为大写字母输出。例如输入 b，则输出 B。提示：小写字母和对应的大写字母的 ASCII 码值相差 32。

4. 编写程序，输入一个华氏温度 f，输出其相应的摄氏温度 c。华氏温度和摄氏温度的转换公式为：$c = \dfrac{5}{9}(f - 32)$

第4章 选择结构程序设计

选择结构就是指程序根据逻辑条件判断的结果决定执行不同的语句序列。本章主要介绍 C 语言提供的选择结构语句 if 语句、条件表达式和 switch 语句。

4.1 if 语 句

if 语句根据所给定的条件是否满足(若满足则为真,不满足则为假)决定执行多种操作中的哪一种操作。

1. if 语句的基本形式

C 语言中 if 语句的基本形式如下：

```
if (表达式)
    语句 1
「else
    语句 2」
```

语句 1 和语句 2 可以是表达式语句、空语句、流程控制语句和复合语句中的任意一种。其执行流程图如图 4.1 所示:如果表达式的值为真,则执行语句 1, 否则, 如果有 else 则执行语句 2, 如果没有则转到语句 1 后面的语句继续执行。

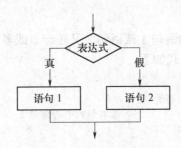

图 4.1　if 语句执行流程图

2. if 语句的几种典型应用形式

if 语句的基本形式很简单,但其基本形式中的语句 1、语句 2 形式多种多样,因此 if 语句的具体应用形式也灵活多变,其典型应用形式有如下几种,但不限于此。

1) if (表达式)　语句 1

其语义为：如果表达式为真,则执行语句 1, 否则不执行语句 1。

【例 4.1】从键盘上输入两个整数,并输出其中较大数。

```
#include <stdio.h>

void main()
```

```
{
    int a,b,max;                    //定义变量,a、b用于存放两个整数,max 存放较大整数
    printf("Please input two integer:\n");    //输出提示信息
    scanf("%d%d",&a,&b);                       //输入两个整数
    max=b;                                     //先将变量 b 的值赋给变量 max
    if (a>b)                                   //如果变量 a 的值大于变量 b 的值
        max=a;                                 //则 max 的值修改为变量 a 的值
    printf("max=%d",max);                      //输出较大数
}
```

2) if(表达式)　语句 1　　else　语句 2

其语义为：如果表达式为真，则执行语句 1，否则执行语句 2。

【例 4.2】从键盘上输入两个整数，并输出其中较大数。

```
#include <stdio.h>
void main()
{
    int a,b,max;          //定义变量,a、b用于存放两个整数,max 存放较大整数
    printf("Please input two integer:\n");    //输出提示信息
    scanf("%d%d",&a,&b);                       //输入两个整数
    if (a>b)                                   //如果变量 a 的值大于变量 b 的值
        max=a;                                 //则将变量 a 的值赋给 max
    else                                       //否则将变量 b 的值赋给 max
        max=b;
    printf("max=%d",max);                      //输出较大数
}
```

3) if 语句嵌套应用形式

如果 if 语句基本形式中的语句 1 或语句 2 又是一个或多个 if 语句，则构成了 if 语句的嵌套应用形式。一般应用形式如下：

```
if (表达式 1)
        if (表达式 11 ) 语句 11
        「else 语句 12」        基本形式中的语句 1
「else
        if (表达式 21) 语句 21
        「else 语句 22」        基本形式中语句 2
```

其语义为：如果表达式 1 为真，则判断表达式 11 的值，若为真，则执行语句 11，否则执行语句 12；如果表达式 1 为假，则判断表达式 21 的值，若为真，则执行语句 21，否则执行语句 22。

【例 4.3】有一分段函数：$y = \begin{cases} x-2, & x>0 \\ x, & x=0 \\ x+2, & x<0 \end{cases}$，请编写程序，输入 x 的值，输出对应的 y 值。

44

```
#include <stdio.h>
void main()
{
    float x,y;
    scanf("%f",&x);
    if (x>0) y=x-2;        //如果变量 x 的值大于 0，则按表达式 x-2 计算 y 的值
    else
       if (x==0) y=0;      //如果变量 x 的值等于 0，则按表达式 x 计算 y 的值
       else y=x+2;         //如果变量 x 的值既不大于 0 又不等于 0(即小于 0)
                           //则按表达式 x+2 计算 y 的值
    printf("y=%f",y);
}
```

如果 if 语句的条件表达式不同，有可能导致内嵌 if 语句位置的不同，如上例中的核心语句可以改写为：

```
if (x>=0)
    if (x==0)  y=0;
    else    y=x-2;
else
    y=x+2;
```

当然，在上述 if 语句嵌套应用形式中，嵌套 if 语句仍然可以再嵌套 if 语句；理论上讲，if 语句嵌套层数是不限制的，但嵌套层数过多会降低程序的可读性，因此，嵌套层数过多时建议使用其它流程控制方式，如 switch 语句。

思考：如果例 4.3 的第一个条件表达式修改为：x==0，程序应该如何改动？

3. 使用 if 语句需注意的几个问题

(1) if 语句中用于条件判断的表达式形式灵活，多为逻辑表达式和关系表达式，如 (x>=0)、(x>0&&y>0)等。但也可为其它形式的表达式，如算术表达式 a*3，如果表达式值为 0，则认为其值为"假"，否则认为其值为"真"。

这里需要特别注意，一个等号的赋值表达式如(a=b)与两个等号的关系表达式如 (a==b)含义完全不同，一定要注意区分。前者的执行过程是先把变量 b 的值赋给变量 a，然后判断变量 a 的值，如果 a 的值为零，则(a=b)的值为"假"，否则为"真"。后者是直接判断变量 a 的值与变量 b 的值是否相等，如果相等则为"真"，否则为"假"。

(2) 如果 if 语句基本形式中的语句 1、语句 2 是由多条语句组成，则必须用一对花括号{}将多条语句构成一条并且只能是一条复合语句。例如：

```
if (a>b)
{
    temp=a;
    a=b;
    b=temp;
}
```

这里需注意，花括号{}内的每条语句后的分号;都是构成语句不可缺少的一部分，而括号只是构成复合语句的一个标识符号，因此不必加分号。

(3) 如果使用 if 语句嵌套应用形式，则需特别注意 if 与 else 的配对问题。if 语句中 if 和 else 遵循本层就近配对原则。例如：

```
if (表达式 1)
        if (表达式 11) 语句 11
        else
            if (表达式 121) 语句 121
            else 语句 122
```

if 嵌套语句，else 与最近 if 匹配成对

if 嵌套语句中的嵌套语句

else 的书写格式与匹配原则没有关系，即使写成如下形式：

```
if (表达式 1)
        if (表达式 11) 语句 11
    else
        if (表达式 21) 语句 21
        else 语句 22
```

else 仍然与第二个 if 匹配成对。要想 else 与第一个 if 匹配成对，则需要把第二个 if 语句用一对花括号{}括起来，用以限定 if 语句的范围，即：

```
if (表达式 1)
        {if (表达式 11) 语句 11}
else
        if (表达式 21) 语句 21
        else 语句 22
```

虽然 if 语句中 if 与 else 的匹配关系与书写格式无关，但为了提高程序的可读性，应严格遵照缩进对齐的方式书写源程序。

4.2 条件表达式

条件运算符?和:是 C 语言中唯一的一个三目运算符，?和：是一对运算符，不能分开单独使用。由它们组成的条件表达式的一般形式为：

表达式 1? 表达式 2: 表达式 3

其语义为：首先计算表达式 1 的值，如果其值为真，则求解表达式 2 的值并作为整个条件表达式的值；否则求解表达式 3 的值并作为整个条件表达式的值。

条件表达式多用于赋值语句中，例如：

max=(a>b)?a:b

其功能为：如果 a>b 为真，则 a 作为整个条件表达式的值赋予变量 max，否则，b 作为整个条件表达式的值赋予变量 max。

【例 4.4】从键盘上输入两个整数，并输出其中较大数，要求以条件表达式实现。

```
#include <stdio.h>
void main()
```

```
{
    int a,b,max;                //定义变量,a、b用于存放两个整数, max存放较大整数
    printf("Please input two integer:\n");   //输出提示信息
    scanf("%d%d",&a,&b);        //输入两个整数
    max=a>b?a:b;                //如果变量a的值大于变量b的值,则将变量a的值赋给max
                                //否则将变量b的值赋给max
    printf("max=%d",max);//输出较大数
}
```

使用条件表达式时需注意以下几个问题:

(1) 条件运算表达式完全可以用 if 语句代替, 如上例可以用 if 语句表示如下:

```
if (a>b)  max=a;
else max=b;
```

但条件表达式不能取代 if 语句, 只有满足 if 语句中的语句 1 和语句 2 都是表达式语句且为同一个变量赋值时才可代替。条件表达式的优点是书写简洁、运行效率高。

(2) 条件运算符的优先级高于赋值运算符但低于关系运算符和算术运算符。如:

```
letter=(a>='a'&&a<='z')?(a-32):a
```

与下面两种形式等价(但为了提高程序的可读性, 建议使用上述书写方式):

```
letter=a>='a'&&a<='z'?a-32:a
letter=(a>='a'&&a<='z'?a-32:a)
```

(3) 条件运算符可以嵌套使用, 结合方向为"自右至左", 例如:

```
max=a>b?a:b>c?b:c
```

等价于

```
max=a>b?a:(b>c?b:c)
```

这其实就是条件表达式嵌套应用形式, 即一般形式中的表达式 3 又为一条件表达式。

4.3   switch 语 句

如果根据同一判断要分三种或三种以上的情况进行不同的处理, 则使用 C 语言提供的另一多分支选择语句 switch 语句更为合适。switch 语句的一般形式为:

```
switch (表达式)
{
case 常量表达式 1: 语句 1;「break;」
case 常量表达式 2: 语句 2;「break;」
...
case 常量表达式 n: 语句 n;「break;」
「default: 语句 n+1;」
}
```

其中,

47

(1) switch、case、default、break 均是 switch 语句中的关键字，用花括号{}括起来的部分为 switch 语句体。

(2) switch 语句中的表达式为整型表达式、字符表达式或枚举型表达式中的一种，如果为其它类型的表达式则需强制转换为其中一种，否则出错。

(3) 各 case 后的常量表达式一定要为常量且值应互不相同，类型都必须与 switch 后的表达式类型相同。

(4) case 和常量表达式 i 之间用至少要用一个空格隔开，常量表达式 i 和语句之间要用冒号：隔开。

(5) switch 语句中的语句 i(1<=i<=n+1)可以为多条语句，不必使用花括号{}括起来形成一条复合语句。

(6) "break；"是由 break 关键字和";"构成的 break 语句，其作用是只要执行到此语句则跳出 switch 语句，即转到 switch 语句后的语句开始执行。

switch 语句的执行过程为：计算表达式的值，然后按下列情况进行处理：

(1) 若表达式的值与常量表达式 i(1<=i<=n)的值相等，则以常量表达式 i 为入口开始执行其后的语句，直到遇到一个 break 语句或 switch 语句体结束才退出 switch 语句。

(2) 若表达式的值与所有 case 后的常量表达式均不相等，则执行 default 后的语句，直到遇到一个 break 语句或 switch 语句体结束才退出 switch 语句；如果没有 default 则什么都不做，直接退出 switch 语句。

【例 4.5】根据输入的考生百分制分数输出对应的等级。

程序分析：考生的百分制分数和对应等级之间的关系为：100 为 A+；[90，100)为 A；[80，90)为 B；[70，80)为 C；[60，70)为 D；[0，60)为 E。switch 语句的表达式只能为整型表达式、字符表达式或枚举型表达式中的一种，而此题中，[90，100)等是一个范围，因此需要把一个范围内的数据统一转化为一个常量。通过分析发现，[90，100)中所有的数据的十位都是 9，因此可以利用 C 语言中的取整运算把十位数取出来，然后进行判断。[0，60)这个范围中的十位较为复杂，可以利用 default 语句进行处理。

```c
#include <stdio.h>
void main()
{
    int g;                                      //定义变量
    printf("Please input a student's mark:");   //输出提示信息
    scanf("%d",&g);                             //输入考生的分数
    if (g>=0 && g<=100)                         //判断分数是否在 0～100 之间
    {
        switch (g/10)
        {
        case 10:printf("Grade is A+\n"); break;
        case 9: printf("Grade is A\n"); break;
        case 8: printf("Grade is B\n"); break;
        case 7: printf("Grade is C\n"); break;
```

48

```
            case 6: printf("Grade is D\n"); break;
            default: printf("Grade is E\n");
        }
    }
    else
        printf("Invalid mark!\n");
}
```

程序运行结果：

输入：78

输出：Grade is C

思考：如果 100 分也转换为 A，程序应如何进行改动？如果考生的分数可以带小数如 98.5，程序应如何进行改动？

使用 switch 语句时需注意以下几个问题：

(1) 在 switch 语句中，break 语句的作用相当重要。因为"case 常量表达式："只相当于一个语句标号，表达式的值和常量表达式 i 相等时，如果没有 break 语句，那语句 i 至语句 n+1 都要执行，而不能在执行完语句 i 后自动跳出整个 switch 语句，例如将例 4.5 中的 switch 语句修改如下：

```
switch (g/10)
    {
    case 10: printf("Grade is A+\n");
    case 9: printf("Grade is A\n");
    case 8: printf("Grade is B\n");
    case 7: printf("Grade is C\n");
    case 6: printf("Grade is D\n");
    default: printf("Grade is E\n");
    }
```

如果输入为 73，则输出结果为：

```
Grade is C
Grade is D
Grade is E
```

编程时也可以充分利用此特性，使多个 case 共用一组语句。如把 100 分和[90，100)一样也转换为 A，则可以把例 4.5 中 case 10 后的两条语句 printf("Grade is A+\n");和 break;直接去掉即可实现。

(2) 如果各个 case 中最后都以 break 语句结束，则各个 case 的出现次序不影响执行结果。如例 4.5 的 switch 语句修改为：

```
switch (g/10)
    {
    case 8: printf("Grade is B\n"); break;
    case 10:printf("Grade is A+\n"); break;
```

```
        case 7: printf("Grade is C\n"); break;
        case 9: printf("Grade is A\n"); break;
        case 6: printf("Grade is D\n"); break;
        default: printf("Grade is E\n");
    }
```

执行结果不变。但如果把 break 语句都去掉，程序执行结果会不同。

(3) 带 break 的 switch 语句可以用如下 if 语句嵌套应用形式代替：

```
if (表达式 1)  语句 1
else if  (表达式 2)  语句 2
...
else if (表达式 n)  语句 n
「else  语句 n+1」
```

其中，表达式 i(1≤i≤n)是由 switch 语句一般形式中的"表达式==常量表达式 i"得来；最后的 else 子句相当于 default 子句。如上面的 switch 语句修改为 if 语句嵌套形式如下：

```
if (g/10==10 ||g/10==9)  printf("Grade is A\n");
else if (g/10==8)  printf("Grade is B\n");
else if (g/10==7)  printf("Grade is C\n");
else if (g/10==6)  printf("Grade is D\n");
else  printf("Grade is E\n");
```

但 if 语句的嵌套应用形式不如 switch 语句层次清晰，可读性好，因此建议使用 switch 语句处理此种情况。另外，如果语句 i 为多条语句，switch 语句中是不必用{}括起来形成一条复合语句的，但修改为 if 语句嵌套应用形式时则必须用{}形成一条复合语句。

4.4 典型例题

【例 4.6】若变量已正确定义，有以下程序段

```
int a=3,b=5,c=7;
if (a>b) a=b;c=a;
if (c!=a) c=b;
printf("%d,%d,%d\n",a,b,c);
```

其输出结果是(   )。

A. 程序段有语法错   B. 3,5,3   C. 3,5,5   D. 3,5,7

程序分析：本例主要考察 if 语句的使用。if 语句的执行过程是：如果 if 语句中的表达式为真，则执行表达式后面的一条语句，如果要执行多条语句，则需要把多条语句用大括号括起来形成一条复合语句。此例中，如果条件 a>b 满足，则只执行语句 a=b;而语句 c=a;无论条件是否满足都会执行。因此，此程序段的执行过程为：a、b、c 的初值分别为 3、5、7，条件 a>b 不成立，语句 a=b;不执行，执行语句 c=a;后 c 值修改为 3;条件 c!=a 不成立，语句 c=b;不执行；所以，a、b、c 的终值分别为 3、5、3。另外，如果程序

段中 a=b;c=a;修改为 a=b，c=a;则变成了一个逗号表达式形成的一条语句，条件 a>b 不成立，则 a=b，c=a;不执行，最后结果三个变量都保持初值不变。因此答案为 B。

【例 4.7】下面程序的输出结果为_____。

```c
#include <stdio.h>
void main()
{
    int x=10, y=5;
    switch(x)
    {
        case 1:  x++;
        default: x+=y;
        case 2:  y--;
        case 3:  x--;
    }
    printf("x=%d, y=%d", x, y);
}
```

程序分析：本例主要考察对 switch 语句的使用。switch 语句的格式如下：

```
switch(表达式)
{
case 常量表达式 1：语句 1；
case 常量表达式 2：语句 2；
…
case 常量表达式 n：语句 n；
「default: 语句 n+1；」
}
```

其执行过程如下：首先计算表达式的值，然后转到和此值相等的常量表达式后面的语句处开始执行；如果没有任何一个常量表达式和此值相匹配，则转到 default 后面的语句去执行，并且和 default 的位置无关。另外，要跳出 switch 语句需要执行 break 语句，否则会一直执行下去。此例中，没有和 x 相等的常量，因此执行 default 后面的语句，而且没有 break 语句，又会依次执行 case 2 和 case 3 后面的语句，因此答案为：x=14，y=4 。

【例 4.8】捷克和斯洛伐克的哈佛梨米克根据遗传学原理研究出了一种利用父母身高预测子女身高的方法，其预测公式为：

儿子身高(米)＝(父身高＋母身高)×1.08÷2

女儿身高(米)＝(父身高×0.923＋母身高)÷2

编写程序，输入子女的性别和父母的身高，输出预测的子女的身高。

程序分析：此题目需要输入三种信息：子女的性别、父母各自的身高。父母身高用 float 类型即可，子女的性别可用 m 和 f 表示，因此需要设定为 char 类型。利用 scanf 函数接收数据时，如果 float 类型的数据在前，char 类型的数据紧随其后，将会出现 char 型变量接收为回车的情况，因此，此题目中选择先输入性别，再输入父母各自的身高。

```
#include <stdio.h>
void main()
{
    float fatherhigh, motherhigh, childhigh;
    char sex;
    printf("Please input sex of child(b or g):\n");
    scanf("%c", &sex);                          //输入性别信息
    printf("Please input your father and mother's high:\n");
    scanf("%f%f", &fatherhigh, &motherhigh);    //输入父母身高信息
    if (sex=='m')                               //根据所给公式计算子女的预
                                                //  测身高
    {
        childhigh=(fatherhigh+motherhigh)*1.08f/2;
        printf("Your boy's high is %4.3f\n", childhigh);
    }
    else
        if (sex=='f')
        {
            childhigh=(fatherhigh*0.923f+motherhigh)/2;
            printf("Your girl's high is %4.3f\n", childhigh);
        }
        else
        {
            printf("Invalid data!/n");
        }
}
```

【例 4.9】编程实现血型配对程序，输入父母的血型，输出子女可能的血型和不可能的血型。

程序分析：父母血型和子女可能和不可能血型之间的关系可用如下的表格表示。

序 号	父母血型	子女可能	序 号	父母血型	子女可能
1	A 及 A	A, O	6	B 及 AB	A, B, AB
2	A 及 B	A, B, AB, O	7	B 及 O	B, O
3	A 及 AB	A, B, AB	8	AB 及 AB	A, B, AB
4	A 及 O	A, O	9	AB 及 O	A, B
5	B 及 B	B, O	10	O 及 O	O

父母的血型组合方式较多，因此用 switch 语句更合适。但 switch 语句的表达式只能为整型、字符型或枚举型中的一种，因此，要用 switch 语句首先要对父母的血型组合进行编码，例如 A-1，B-2，AB-3，O-4，然后分不同情况进行处理。另外，父母血型是无序的，即 A 与 B 组合和 B 与 A 组合结果相同。

```c
void main()
{
int p1, p2, temp;
printf("Please input Parent's blood type:\nA-1, B-2, AB-3, O-4\n");
scanf("%d%d", &p1, &p2);                   //接收两个血型代号
if (p1>p2)  {temp=p1;p1=p2;p2=temp;}       //如果 p1 大于 p2，则交换其值
if ((p1>=1&&p1<=4)&&(p2>=1&&p2<=4))        //判断输入是否有效
    {
    printf("possible blood type of child:\n ");
    switch(p1*10+p2)                       //转换表达式
        {                                  //分不同情况进行处理
        case 11:
        case 14: printf("A, O\n");break;
        case 12: printf("A, B, AB, O\n");break;
        case 13:
        case 23:
        case 33:printf("A, B, AB\n");break;
        case 22:
        case 24: printf("B, O\n");break;
        case 34: printf("A, B\n");break;
        case 44: printf("O\n");break;
        }
    }
else
    printf("Invalid data!");
}
```

【例 4.10】某运输公司根据路程的长远来计算运费，路程(r)越长，每千米每吨的运费越低。其折扣标准如下：原价为每千米 1 元，r<200，没有折扣；200<=r<600，2%折扣，600<=r<1000，4%折扣；1000<=r<2000，8%折扣；r>2000，10%折扣。编写程序，输入路程和货重，输出所需运费。

程序分析：设货重为 weight，路程为 r，折扣为 p，则计算所需运费的公式为weight*r*(1-p)，程序处理的重点是如何根据路程确定折扣。从题目中可以看出，每千米每吨的运费分 5 种情况，因此可以采用五个 if 语句来实现，也可采用 if 语句嵌套来实现，还可以采用 switch 语句来实现。

方法一：利用 if 语句实现

```
#include <stdio.h>
void main()
{ float r, p, weight, fee;
  scanf("%f%f", &r, &weight);
  if (r>0&&r<200)  p=1;
  if (r>=200&&r<600)  p=1-0.02;
  if (r>=600&&r<=1000)  p=1-0.04;
  if (r>=1000&&r<2000)  p=1-0.08;
  if (r>=2000)  p=1-0.1;
  fee=1*weight*r*p;
  printf("fee is %.2f", fee);
}
```

方法二：用 if 语句嵌套实现

```
#include <stdio.h>
void main()
{ float r, p, fee;
  scanf("%f", &r);
  if (r>0&&r<200)  p=1;
  else if (r>=200&&r<600)  p=1-0.02;
      else if (r>=600&&r<=1000)  p=1-0.04;
        else  if (r>=1000&&r<2000)  p=1-0.08;
              else if (r>=2000)  p=1-0.1;
  fee=1*weight*r*p;
  printf("fee is %.2f", fee);
}
```

方法三：用 switch 语句实现

switch 语句中表达式只能是数值、字符或枚举类型，因此需要把题目中的某个范围条件转换为几个尽量少的数值。题目中每个范围条件的始值和终值都是 200 的倍数，因此可以用 200 作为路程和某些整数的转换参数。同时要注意存放这些整数的变量需定义为整型变量，如下面程序中的变量 temp。

```
#include <stdio.h>
void main()
{
  float r, p, weight, fee;
  int temp;
  scanf("%f%f", &r, &weight);
  temp=r/200;
  switch(temp)
  {
```

```
    case 0: p=1;break;
    case 1:
    case 2: p=1-0.02;break;
    case 3:
    case 4:p=1-0.04;break;
    case 5:
    case 6:
    case 7:
    case 8:
    case 9: p=1-0.08; break;
    default: p=1-0.1;
    }
    fee=1*weight*r*p;
    printf("fee is %.2f", fee);
}
```

这三种方法各有优点。方法一结构简单清晰，但程序中的每个条件表达式都要判断，执行效率较低；方法二效率比方法一要高，只要遇到一个条件表达式为真，则其后的条件表达式就不需要再判断，但其结构不够清晰，if-else 的匹配问题很容易出错；方法三结构清晰，效率较高，只是 switch 后的表达式类型太受限制，必须把路程和折扣的关系转换为某些整数和折扣的关系，处理起来有点复杂。

习 题

一、选择题

1. 设有条件表达式: (EXP)?i++;j--，则以下表达式中与(EXP)完全等价的是(　　)。
   A. (EXP==0)　　　　　　B. (EXP!=0)　　　　C. (EXP==1)　　　　　　D. (EXP!=1)

2. 已有定义: char c;，程序前面已在命令行中包含 ctype.h 文件，不能用于判断 c 中的字符是否为大写字母的表达式是(　　)。
   A. isupper(c)　　　　　　　　　　　　B. 'A'<=c<='Z'
   C. 'A'<=c&&c<='Z'　　　　　　　　　D. c<=('z'-32)&&('a'-32)<=c

3. 已知大写字母 A 的 ASCII 码是 65，小写字母 a 的 ASCII 码值是 97，以下不能将变量 c 中大写字母转换为对应小写字母的语句是(　　)。
   A. c=(c-A)%26+'a'　　　　　　　　　B. c=c+32
   C. c=c-'A'+'a'　　　　　　　　　　　D. c=('A'+c)%26-'a'

4. 已知字符 A 的 ASCII 码值为 65，若变量 kk 为 char 型，以下不能正确判断出 kk 中的值为大写字符的表达式是(　　)。
   A. kk>='A'&&kk<='Z'　　　　　　　　B. !(kk>='A'||kk<='Z')

C. (kk+32)>=' a' &&(kk+32)<=' z'   D. isalpha(kk)&&(kk<91)

5. 设有定义: int k=0;，以下选项的四个表达式中与其它三个表达式的值不相同的是（   ）。

    A.k++   B.k+=1   C.++k   D.k+1

6. 当变量 c 的值不为 2、4、6 时，值也为"真"的表达式是（   ）。

    A. (c==2)| |(c==4)| |(c==6)   B. (c>=2&&c<=6)| |(c!=3)| |(c!=5)

    C. (c>=2&&c<=6)&&!(c%2)   D. (c>=2&&c<=6)&&(c%2!=1)

7. 以下选项中，当 x 为大于 1 的奇数时，值为 0 的表达式（   ）。

    A.x%2==1   B.x/2   C.x%2!=0   D.x%2==0

8. 设变量 x 和 y 均已正确定义并赋值，以下 if 语句中，在编译时将产生错误信息的是（   ）。

    A. if(x++);   B. if(x>y&&y!=0);

    C. if(x>y) x--   D. if(y<0) {;}

       else y++;   else x++;

9. 有以下程序段

```
int a, b, c;
a=10;b=50;c=30;
if (a>b) a=b, b=c;c=a;
printf("a=%d b=%d c=%d\n", a, b, c);
```

程序的输出结果是（   ）。

    A. a=10 b=50 c=10   B.a=10 b=50 c=30

    C. a=10 b=30 c=10   D. a=50 b=30 c=50

10. 若有说明语句:

    int w=1, x=2, y=3, z=4;

    则表达式 w>x?w:z>y?z:x 的值是（   ）。

    A.4   B.3   C.2   D.1

11. 有以下程序

```
#include <stdio.h>
void main()
{ int x=1, y=0, a=0, b=0;
  switch(x)
  { case 1:
    switch(y)
    { case 0: a++;break;
      case 1: b++;break;
    }
    case 2: a++;b++;break;
    case 3: a++;b++;
  }
```

```
            printf("a=%d, b=%d\n", a, b);
    }
```
程序的运行结果是( )。

A. a=1, b=0   B. a=2, b=2   C. z=1, b=1   D. a=2, b=1

12. 以下叙述正确的是( )。

    A. break 语句只能用于 switch 语句体中

    B. continue 语句的作用是：使程序的执行流程跳出包含它的所有循环

    C. break 语句只能用在循环体内和 switch 语句体内

    D.在循环体内使用 break 语句和 continue 语句的作用相同

二、填空题

以下程序的运行结果是_____。

```
void main()
{int a=2, b=7, c=5;
switch(a>0)
{case 1:switch(b<0)
    { case 1:printf("@"); break;
      case 2: printf("!"); break;
    }
case 0: switch(c==5)
    { case 0: printf("*"); break;
      case 1: printf("#"); break;
      case 2: printf("$"); break;
    }
default : printf("&");
}
printf("\n");
}
```

三、编程题

1. 输入一个整数，判断这个整数是奇数还是偶数(提示：整数的奇偶性可以利用取余运算符%判定)。

2. 编写程序，输入一个 24 小时制的时间，转换为 12 小时制时间后进行输出。以 13 点 15 分为例，输入：13:15，则输出：下午 1:15。

3. 输入年号，判断它是否是闰年(如果年号能被 400 整除，或能被 4 整除，而不能被 100 整除，则是闰年，否则不是)。

4. 输入一个字符，如果是大写字母则输出对应的小写字母，如果是小写字母则输出相应的大写字母，如果都不是则原样输出。

5. 设计一个简单的计算器程序，能输入整型运算数和基本运算符(+, -, *, /)，输出计算结果。例如：输入 22+6，输出 2+6=8。

第 5 章　循环结构程序设计

如果让用户编程实现求 1～100 的和，仍然采用顺序结构的话，可用下列方式实现(假设变量 sum 用来存放累加和，其初值为 0)：

sum=sum+1; sum=sum+2; sum=sum+3; … sum=sum+100;

这样虽然能够勉强实现所需功能，但实现相当繁琐。而且如果要求[x，y](x>0，y>0，y>x)之间的和，则需要根据 x，y 的每个值编写源程序，通用性和灵活性非常差。为此，C 语言提供了循环结构，可以既简单方便又灵活地完成具有一定通用性的功能。

循环结构指在满足一定条件的情况下，重复执行某程序段的结构。执行循环结构需满足的条件称为循环条件，反复执行的程序段称为循环体。本章主要介绍 C 语言提供的循环控制语句 while、do-while 和 for，以及与循环有关的 break 和 continue 语句。另外用 goto 语句和 if 语句结合也可形成循环结构，但 goto 语句不符合结构化设计原则，建议尽量不予采用，因此本书不做详细介绍。

5.1　while 语 句

while 语句用来实现"先判断，后执行"型循环结构，其一般形式如下：

while (表达式)　循环体语句

其中，while 为关键字；循环体可以是表达式语句、空语句、流程控制语句、复合语句中的任何一种。需要特别注意的是，while 的循环体只能是一条语句，所以如果要重复执行多条语句，则一定要用大括号{}括起来组成一条复合语句，否则 while 语句的循环体只是第一条语句，其余语句被当作顺序结构，在循环完毕后只执行一次。

其语义为：当表达式为真(非零)时执行循环体语句，否则结束循环，其流程图如图5.1 所示。while 语句的特点是"先判断，后执行"，如果第一次判断表达式的值即为假，则循环体一次也不执行。

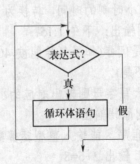

图 5.1　while 语句执行流程图

【例 5.1】编写程序，求 1+2+3+…+100 的值。

程序分析：首先要定义两个整型变量，其中一个变量 i 存放 1～100 之间的整数，另一个变量 sum 用来存放累加和。因此 i 的初值可以设置为 1，sum 的初值设置为 0，然后在循环中先把最新累加和放到 sum 中，再将 i 的值自加 1。当 i 的值大于 100 时，循环结束，sum 中存放的是 1～100 的累加和。

```
#include <stdio.h>
void main()
{
        int i=1, sum=0;              //变量的定义与赋初值
        while (i<=100)               //设置循环条件
        {
            sum=sum+i;               //计算累加和
            i++;                     //循环变量自加
        }
        printf("1+2+…+100=%d\n", sum);  //结果输出
}
```

程序输出结果为：

```
1+2+…+100=5050
```

思考：如果要求 1～100 之间偶数的和，程序应如何改动？如果要求 x～y(x>0，y>0，y>x)之间的和，程序应如何改动？如果要求 1～100 之间能被 3 整除的数的和，程序应如何改动？

使用 while 语句时需要注意以下几个问题：

(1) while 语句中(表达式)和循环体之间最好用空格或回车隔开，切记不能用分号"；"，否则循环体就变成了一个空语句。如例 5.1 中，若写为

```
while (i<=100);
```

则循环体变成了由一个分号构成的空语句，也就构成了一个什么也不做的死循环。

(2) 变量的初值、循环条件和循环体中关键语句(不是所有语句)的先后顺序是影响循环执行结果的关键三要素，其中任一要素发生改变都会影响循环执行结果。如例 5.1 中，语句 sum=sum+i;和语句 i++;如果互换位置，则程序的功能变成了求 2+3+…+101 的值。如果互换位置后仍然要求 1+2+…+100 的值，可以通过修改 i 的初值为 0，循环条件为 i<100 实现。

(3) 在循环体中一定要有使循环趋于结束的语句，否则会形成死循环。如例 5.1 中，语句 i++;使变量 i 的值每执行一次循环体就增 1，当 i 的值大于 100 时，循环条件表达式(i<=100)不再成立(值为 0)，则循环结束。如果没有此语句，循环条件永远成立，则程序陷入死循环中。

5.2　do-while 语句

do-while 语句用来实现"先执行，后判断型"循环结构，其一般形式如下：

```
do
```

循环体语句

```
while (表达式);
```

其中，do 和 while 为关键字；循环体可以是表达式语句、空语句、流程控制语句、复合语句中的任何一种。如果循环体是由多条语句组成，一定要用大括号{}括起来组成一条复合语句，否则出错。(表达式)后的分号是 do-while 语句必不可少的一部分。其语义为：

(1) 执行循环体语句。

(2) 判断表达式的值，若值为真(非零)，则转到(1)继续执行，否则循环结束。

其流程图如图 5.2 所示，do-while 语句的特点是"先执行，后判断"，循环体至少执行一次。

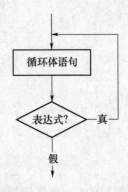

图 5.2 do-while 语句执行流程图

【例 5.2】利用 do-while 语句完成例 5.1 的功能，即求 1+2+3+…+100 的值。

```
#include <stdio.h>
void main()
{
        int i=1, sum=0;                        //变量的定义与赋初值
        do
        {
            sum=sum+i;                         //计算累加和
            i++;                               //循环变量自加
        }
        while (i<=100);                        //设置循环条件
        printf("1+2+…+100=%d\n", sum);         //结果输出
}
```

程序输出结果为：

```
1+2+…+100=5050
```

通过例 5.1 和例 5.2 可以看出，while 与 do-while 语句十分相似，但它们之间有一个重要的区别：while 语句是"先判断，后执行"，如例 5.1 中循环条件表达式首次判断时 i 值为 1，即判断表达式 1<=100 的真假，如果首次判断为假，则循环体不执行；而 do-while 语句是"先执行，后判断"，如例 5.2 中循环条件表达式首次判断时 i 的值已经因为执行

60

了循环体中的 i++;语句变为 2，即判断表达式 2<=100 的真假。即使首次判断为假，循环体也已经执行了一次。

【例 5.3】编程模拟终极密码游戏。

程序分析：终极密码游戏的规则是：由程序随机生成一个 1～100 之间的整数，然后用户输入猜测的数据。如果猜测的数据正好与生成的数相等，则提示落水；如果不相等，则根据输入数据提示新的猜测范围，直到猜对位置。如生成的随机数为 36，用户输入 50，则提示用户输入 0～50 之间的数；用户再输入 30，则提示用户输入 30～50 之间的数。

```
#include <time.h>          //time 函数包含在 time.h 中
#include <stdlib.h>        //srand 和 rand 函数包含在 stdlib.中
void main()
{
    int data, guessdata, high=100, low=1, flag=1;
                //srand 函数设置随机种子，使程序每次运行产生的随机数都不一样
    srand((unsigned)time(0));
    data=rand()%100+1;              //产生 1～100 之间的一个随机整数
    do
    {                              //提示用户输入数据范围
    printf("Please input a data between %d and %d:\n", low, high);
    scanf("%d", &guessdata);       //用户输入一个猜测数
    if (guessdata==data)           //猜中的情况
    {
        printf("haha, fall into the water! \n");
        flag=0;
    }
    else
        if (guessdata>data)        //猜的数高了，则用猜测数代替范围的上限
            high=guessdata;
        else                       //猜的数低了,则用猜测数代替范围的下限
            low=guessdata;
    }while(flag);
}
```

5.3 for 语 句

for 语句也用于实现"先判断，后执行型"循环结构，因为其功能最强大，使用最灵活，而成为应用最广泛的循环语句。其一般形式为：

for(「表达式 1」;「表达式 2」;「表达式 3」)

　　循环体语句

其中，半直角引号「」中内容为可选项，但表达式之间的分号";"必须存在。循环体可以是表达式语句、空语句、流程控制语句和复合语句中的任意一种。

其语义为：

(1) 计算"表达式 1"的值。

(2) 计算"表达式 2"的值，若值为真(非零)则转到(3)继续执行，否则循环结束，执行 for 语句后面的语句。

(3) 执行一次循环体，然后计算"表达式 3"的值，转到(2)继续执行。

其流程图如图 5.3 所示，for 语句的特点与 while 语句相同，也是"先判断，后执行"，如果第一次判断"表达式 2"的值即为假，则循环体一次也不执行。以上 for 语句的一般形式可用 while 改写如下：

```
表达式 1;
while(表达式 2)
{
循环体
表达式 3;
}
```

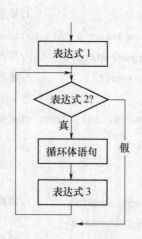

图 5.3　for 语句执行流程图

因此，for 语句和 while 语句可以相互替代。

【例 5.4】利用 for 语句完成例 5.1 的功能，即求 1+2+3+…+100 的值。

```c
#include <stdio.h>
void main()
{
    int i, sum;
    for(i=1, sum=0;i<=100;i++)
        sum=sum+i;
    printf("1+2+…+100=%d\n", sum);
}
```

程序输出结果为：

```
1+2+…+100=5050
```

使用 for 语句时需注意以下几点：

(1) 表达式 1 通常用来给循环变量赋初值，所以一般是赋值表达式，如果有多个赋值表达式可以用逗号"，"隔开形成逗号表达式。如果在 for 语句前给循环变量赋初值，则此表达式可省略，但其后的分号";"不能省略。如例 5.3 中循环可改写如下：

```
i=1;sum=0;
for(;i<=100;i++)  sum=sum+i;
```

(2) 表达式 2 是 for 语句的循环条件，一般为逻辑表达式或关系表达式，但其它表达式也可，只要结果为非零则判定为"真"，为零则判断为"假"。如果表达式 2 被省略，则认为循环条件永远成立，程序会陷入死循环中，这时应该在循环体中设法使用 break 语句结束循环(关于 break 语句下节将做详细介绍)。如例 5.3 中循环可改写如下：

```
for(i=1, sum=0;;i++)
{
    sum=sum+i;
    if  (i>100)
      break;
}
```

(3) 表达式 3 的形式与表达式 1 类似，一般用来修改循环变量的值。如果此表达式省略，则可将修改循环变量的表达式放在循环体内。如例 5.3 中循环可改写如下：

```
for(i=1, sum=0;i<=100;)
{
    sum=sum+i;
    i++;
}
```

(4) 在 for 语句中的一对括号内虽然可以出现与循环条件无关的各种表达式，但这样会降低程序的可读性，建议把与循环条件无关的操作放到循环体中。

(5) 注意 for 语句中的一对括号和循环体之间没有分号，如果误加分号，则 for 语句真正的循环体变为一个分号的空语句，造成程序的逻辑错误。

【例 5.5】编写程序求 10 个整数中的最大值。

程序分析：定义变量 data 存储 1 个整数、变量 max 存储最大值。第一步，接收第一个整数放入 data 中，此整数也是目前的最大数，因此赋给 max。第二步，接收一个整数放入 data 中，并与 max 值比较：如果此整数比 max 中整数大，则此整数成为当前最大值，如此反复 9 次，max 中存放的即是 10 个整数中的最大数。

```
#include <stdio.h>
void main()
{
int i, data, max; //i控制输入整数的个数, data存放10个整数, max存放最大值
printf("Please input 10 data\n");
```

```
    scanf("%d", &data);              //输入第一个数据
    max=data;                        //将 max 初始化为第一个数据
    for(i=1;i<10;i++)                //循环输入其它 9 个数
    {
        scanf("%d", &data);
        if (max<data)                //如果最新接收的数据比 max 的值更大，则替换最大值
            max=data;
    }
    printf("Max= %d\n", max);
}
```

【例 5.6】编写程序判断一个整数是否是素数。

程序分析：判断一个整数 data 是否是素数的常用方法是试除法，用 2～data 的平方根之间的数去除 data，如果没有一个能整除，则 data 是素数，否则不是。

```
#include <stdio.h>
#include "math.h"
void main()
{
    int k, data, tag;
    printf("Please input a integer number:\n");
    scanf("%d", &data);
    tag=0;                //tag 为标志变量，值为 1 表示素数，为 0 表示不是素数
    for(k=2;k<=sqrt(data)&&!tag;k++)   //sqrt 是求平方根函数，包含在 math.h 中
        if (data%k==0)    //如果找到 data 的一个约数，说明 i 不是素数，则跳出循环
            tag=1;
    if (tag==1)           //如果 tag 值为 1，则说明曾找到过 data 的约数
        printf("%d is not a prime number\n", data);
    else                  //否则说明 data 不存在约数
        printf("%d is a prime number\n", data);
}
```

5.4 循环语句的嵌套应用

在一个循环(称为外层循环)体内又包含了另一个完整的循环语句(称为内层循环)，称为循环的嵌套。内层循环如果还嵌套循环语句，则构成多层循环，但每一层在形式上必须是完整的。前面介绍的 while、do-while 和 for 语句都可以相互嵌套。

【例 5.7】求 2～1000 中所有的素数

程序分析：利用循环可以产生 2～1000 之间的整数，然后利用例 5.5 判断素数的思想即可判断出 2～1000 之间的所有素数。

```
#include <stdio.h>
#include "math.h"
void main()
{
    int k, data, tag;
    for(data=2;data<=1000;data++)              //外层循环,用来产生 2～1000 之间的整数
    {
        tag=0;      //tag 用于表示数 i 是否是素数,没有判断前先假定是素数
        for(k=2;k<=sqrt(data)&&!tag;k++)       //内层循环用来判断 data 是否有约数
        {
            if (data%k==0)
                tag=1;
        }
        if (tag==1)  printf("%4d", data);   //如果 i 是素数,则输出
    }
}
```

内层循环是外层循环循环体的一个组成语句,因此,嵌套循环的执行过程为先判断外层循环的循环条件是否满足,如果满足,则执行内层循环。内层循环按照循环的执行过程执行完毕后再判断外层循环的循环条件是否满足,如果满足,则再次执行内层循环,否则结束外层循环。

5.5 break 和 continue 语句

5.5.1 break 语句

在第 4 章中介绍了 break 语句跳出 switch 语句的功能,本小节介绍 break 语句的另一重要功能:跳出本层循环。在前面的循环语句(包括 while、do-while 和 for)中,都是因为循环条件不再满足而退出循环,C 语言中 break 语句也可以跳出本层循环,转到循环后的语句继续执行。

【例 5.8】求 1～100 中能被 3 整除的整数之和。

```
#include <stdio.h>
void main()
{
    int i, s=0;
    for(i=1;;i++)
    {
        if (i>100)  break;      //直接结束本次循环,转到循环后第一条语句,即
                                //printf("s=%d", s);处继续执行
        if (i%3==0)  s=s+i;       //如果能被 3 整除则加入总和
```

```
        }
    printf("sum=%d", s);
}
```

使用 break 语句需要注意的几个问题：

(1) break 语句只能用在循环语句的循环体和 switch 语句体内。

(2) 无论 break 语句用在循环语句还是 switch 语句中，它的作用只是跳出离它最近的一层循环(本层循环)语句或 switch 语句，而不是跳出所有的循环。

(3) break 语句在 switch 语句中有其独特的功能，但在循环语句中不符合结构化设计原则，不到万不得已不要用它退出循环。

5.5.2 continue 语句

continue 语句只能用在循环体中，其一般形式为：

```
continue;
```

其语义为：结束本层的本次循环，即不再执行本层循环体中 continue 语句之后的语句，直接转入下一次循环条件的判断。

【例 5.9】利用 continue 改写例 5.7。

```
//求 1~100 中能被 3 整除的整数之和。
#include <stdio.h>
void main()
{
    int i, s=0;
    for(i=1;i<=100;i++)
    {
        if (i%3!=0) continue;      //结束本次循环，后面的 s=s+i; 不再执行，而是
                                   //转到表达式 3，即 i++处继续执行
        s=s+i;
    }
    printf("s=%d", s);
}
```

使用 continue 语句需要注意的几个问题：

(1) continue 的作用只是跳过循环体中 continue 语句后的语句，for 循环语句中的表达式 3 不在循环体中，因此还要继续求解。

(2) continue 语句只是结束本层的本次循环，然后转入循环条件的判断，如果循环条件为真则继续执行循环体，否则跳出循环；而 break 语句的功能是直接跳出循环，根本不再进行循环条件的判断。这是两者的本质区别。

5.6 典 型 例 题

【例 5.10】读下面的程序，从选项中选出正确的输出结果(   )。

66

```
#include <stdio.h>
void main()
{ int i=0, j=9, k=3, s=0;
  for(;;)
  { i+=k;
    if (i>j) break;
    s+=i;
  }
  printf("%d", s);
}
```

A. 死循环，无输出　　　　　　B.30　　　　　　　C. 18　　　　D.3

程序分析：本例主要测试 for 循环和 break 语句的使用。虽然此例中 for 循环没有结束条件，但循环体中有 break 语句，此例是否是死循环，主要看 break 语句前的条件(i>j)是否有满足，何时满足。分析一下程序的执行过程：循环体中首先执行 i+=k;语句，i 值为 3，i>j 为假，执行 "s+=i;" 语句，s 值为 3。再次执行循环体，i 值为 6，条件 i>j 为假，s 值为 9；再次执行循环体，i 值为 9，条件 i>j 为假，s 值为 18。再次执行循环体，i 值为 12，条件 i>j 为真，执行 "break;" 语句跳出循环。因此最后 s 值为 18。

【例 5.11】有以下程序段，且变量已正确定义和赋值

```
for(s=1.0, k=1;k<=n;k++) s=s+1.0/(k*(k+1));
printf("s=%f\n\n", s);
```

请填空，使下面程序段的功能为完全相同。

```
s=1.0;k=1;
while(     (1)     ){ s=s+1.0/(k*(k+1));     (2)     ;}
printf("s=%f\n\n", s);
```

程序分析：此例主要考察 for 语句和 while 语句的使用。for 语句和 while 语句都是循环控制语句，执行特点都是先判断后执行，二者可以互相代替。for 语句的一般格式为：

for(「表达式 1」;「表达 2」;「表达 3」)　循环体语句

如果用 while 可以进行如下改写：

```
表达式 1;
while(表达式 2)
{
循环体语句
表达式 3;
}
```

具体到本例中，空(1)需要填写表达式 2 作为循环条件；空(2)需要填写表达式 3。因此空(1)答案为：k<=n，空(2)答案为 k++。

【例 5.12】求 $e \approx \frac{1}{1!} + \frac{1}{2!} + \frac{1}{3!} + \cdots + \frac{1}{n!}$，(1)直到第 50 项；(2)直到最后一项小于 10^{-6}。

程序分析：从表达式可以看出，第 m 项的分母是第 m-1 项的分母乘以 m 的结果。

因此本例可以使用循环结构，逐步求出每一项的值，然后进行累加，最后结果即为所求值 e。程序中变量 s 保存累加和的值，变量 t 为第 i 项的分母值。第一种方法只要求前 50 项的结果，即当 i>50 时循环结束；第二种方法当第 i 项的值(即 1/t)小于 10^{-6} 时循环结束。这里还要注意变量 t 的数据类型问题。如果 t 定义为 int 或 long int，50!已经大大超过了 t 能存储的数据范围，因此可以把 t 定义为 float 类型，这样计算累加和时直接用 s=s+1/t 即可。另外，如果和式的项数少，t 可以定义为整型，不过累加和要写成 s=s+1.0/t。

方法一程序清单：

```
#include <stdio.h>

void main()

{

    long i;
    float s=0, t=1.0;
    for(i=1;i<=50;i++)

    {

        t=t*i;
        s=s+1/t;        //注意此处的 t 为 float 类型，所以表达式写为 s=s+1/t
    }                   //如果 t 定义时为整型，则需要写作: s=s+1.0/t

    printf("1/1!+1/2!+…+1/%d!=%f", i-1, s);

}
```

程序运行结果如下：

```
1/1!+1/2!+…+1/50!=1.718282
```

方法二程序清单只需改动 for 语句的循环条件，由 i<=50 修改为 1.0/t>=1e-10 即可。

方法二程序清单略。

方法二运行结果如下：

```
1/1!+1/2!+…+1/10!=1.718282
```

【例 5.13】输入两个整数，用辗转相除法求它们的最大公约数。

程序分析：求最大公约数一般有两种算法：

(1) 穷举法。即从两者的小数开始依次减 1，直到找到两个数的公约数为止。这个公约数就是它们的最大公约数。此方法思想简单，但效率较低。

(2) 辗转相除法(或称欧几里德算法)。算法的主要过程是：设两数为 m，n，且 m>n。

① 如果 m 除以 n 的余数为 0，n 就是两数的最大公约数，程序结束，否则转至② 执行；

② m 除以 n 得余数 t，令 m=n，n=t；

③ 转到①继续执行。

辗转相除法源程序如下(穷举法请自行设计)：

```
#include <stdio.h>

void main()

{
```

68

```
    int m, n, t;
    scanf("%d%d", &m, &n);
    if (m<n)           //如果m小于n则将两个数交换过来
    {t=n;n=m;m=t;}
    for(;m%n!=0;)      //用辗转相除法求最大公约数，循环结束后n即为最大公约数
    {t=n;n=m%n;m=t;}
    printf("%d", n);
}
```

习 题

一、选择题

1. 若变量已正确定义，有以下程序段

```
i=0;
do printf("%d, ", i);while(i++);
printf("%d\n", i)
```

其输出结果是(   )。

A .0，0   B. 0，1

C. 1，1   D. 程序进入无限循环

2. 以下不构成无限循环的语句或语句组是 (   )。

A. n=0;   B.n=0;

   do{++n;} while(n<=0)   while(1) {n++;}

C. n=10;   D.for(n=0，j=1；;i++) n+=i

   while(n); {n--;}

3. 有以下程序

```
#include <stdio.h>
main()
{int y=9;
for( ;y>0;y--)
if(y%3= =0) printf("%d", --y);
}
```

程序的运行结果是(   )。

A. 741   B. 963

C. 852   D. 875421

4. 有以下程序

```
#include <stdio.h>
void main()
{  int x=8;
   for(;x>0;x--)
```

```
    {  if (x%3)   {printf("%d, ", x--); continue;}
        printf("%d, ", --x);
    }
}
```

程序的运行结果是(   )。

A. 7,4,2

B. 8,7,5,2,

C.9,7,6,4,

D.8,5,4,2,

5. 有以下程序

```
#include <stdio.h>
main()
{int i, j, m=55;
for(i=1;i<=3;i++)
    for(j=3;j<=i;j++)  m=m%j;
printf("%d\n", m);
}
```

程序的运行结果是(   )。

A. 0

B. 1

C. 2

D. 3

6. 有以下程序

```
main()
{int i, j;
for(i=1;i<4;i++)
    {for(j=i;j<4;j++) printf("%d*%d=%d", i, j, i*j);
printf("\n");
}
}
```

程序运行后的输出结果是(   )。

A. 1*1=1 1*2=2 1*3=3

B. 1*1=1 1*2=2 1*3=3

   2*1=2 2*2=4

   2*2=4 2*3=6

   3*1=3

   3*3=9

C. 1*1=1

D. 1*1=1

   1*2=2 2*2=4

   2*1=2 2*2=4

   1*3=3 2*3=6 3*3=9

   3*1=3 3*2=6 3*3=9

二、填空题

1. 若有定义: int k;, 以下程序段的输出结果是 _____。

```
    for(k=2;k<6;k++, k++)   printf("##%d", k);
```

2. 当执行以下程序时,输入1234567890<回车>,则其中while循环体将执行_____次。

```
#include <stdio.h>
main()
```

```
{char ch;
while((ch=getchar())=='0') printf("#");
}
```

3. 以下程序的输出结果是_____。

```
#include <stdio.h>
main()
{ int n=12345, d;
while(n!=0){ d=n%10; printf("%d", d); n/=10;}
}
```

4. 以下程序的输出结果是_____。

```
#include <stdio.h>
main()
{ int i;
for(i='a';i<'f';i++, i++) printf("%c", i-'a'+'A');
printf("\n");
}
```

5. 以下程序的输出结果是_____。

```
#include <stdio.h>
main()
{   int i, j, sum;
    for(i=3;i>=1;i--)
    {  sum=0;
       for(j=1;j<=i;j++)    sum+=i*j;
    }
    printf("%d\n", sum);
}
```

三、编程题

1. 编写程序，显示 100~200 之间能被 7 除余 2 的所有整数。

2. 输入 n 个整数，求这 n 个整数中的最大数、最小数和偶数平均数，并输出。

3. 输入一串字符，以回车作为结束标志。统计并输出这串字符中大写字母、小写字母和数字字符的个数。

4. 输出九九乘法表。

5. 编写程序，输出 3~1000 之间全部素数。

6. 输入一个三位数，判断其是否是"水仙花数"。水仙花数是指 3 位数中的各位数字的立方和等于这 3 位数本身。如 153=1*1*1+5*5*5+3*3*3。

7. 编程求 Fibonacci 数列的前 40 个数。该数列的生成方法是：$F_1=1$，$F_2=1$，$F_n=F_{n-1}+F_{n-2}(n>=3)$(即从第三个数起，每个数等于前 2 个数之和)。

8. 一个穷人找到一个百万富翁，给他商讨一个换钱计划如下：我每天给你十万元，而你第一天只需给我一元钱，第二天给我二元钱，第三天给我四元钱，……，即我每天都给你十万元，你每天给我的钱都是前一天的两倍，直到满一个月(30 天)。百万富翁很高兴地接受了这个换钱计划。请编写程序计算满一个月时，穷人给了富翁多少钱，而富翁又给了穷人多少钱。

9. 猴子吃桃问题。猴子第一天摘下若干桃子，立即吃了一半，不过瘾又多吃了一个。第二天早上又将剩下的桃子吃了一半，又多吃了一个。以后的每天早上都是吃了前一天剩下的一半加一个。到第 10 天早上时只剩下一个桃子了。编写程序，求猴子第一天共摘了多少桃子。

第6章 数　组

前面各章使用的程序中使用的变量都是单一类型的单个变量，比如 int a;定义了一个类型为整型的变量 a，用以处理简单的数据。但是实际应用中经常要处理大量具有相同性质的一批数据，此时需要定义多个具有相同数据类型的变量。例如大赛统分系统，假设有 10 个评委，则需要定义 10 个 float 型变量来保存评委打出的分数。为提高处理的灵活性和方便性，C 语言提供了一次定义多个有序的相同数据类型变量的方式——数组。

数组是一种最常用的构造类型，一个数组可以分解为若干个数据元素，每一个元素通过数组名和下标来唯一确定。根据数组元素所需下标的个数，可以把数组分为一维数组、二维数组、三维数组等。二维及二维以上数组统称为多维数组。

本章主要介绍一维数组、二维数组和字符数组的定义、引用、初始化及典型应用。

6.1　一　维　数　组

6.1.1　一维数组的定义

与使用单个变量一样，数组的使用遵循"先定义，后使用"原则。一维数组的定义格式如下：

「存储类型」 数据类型　数组名［整型常量表达式］

其中：

(1) 存储类型为可选项，有 auto、register、extern、static 四种，详细内容将在第 7 章介绍。

(2) 数据类型指明该数组的基类型，即其元素的数据类型，可以是 int、char、float 等基本数据类型，也可以是后面要学习的结构体、指针、枚举等构造类型。

(3) 数组名是该数组的名字，遵循标识符的命名规则。

(4) 整型常量表达式表示数组的长度，即该数组包含元素的个数。注意，整型常量表达式必须是整型的非负常量，不能为变量。例如：

```
int  a[4];
```

表示数组 a 有 4 个元素，每个元素都是 int 类型的变量。不同元素通过下标进行区别，在 C 语言中，下标从 0 开始，这 4 个元素分别是 a[0]、a[1]、a[2]、a[3]。

(5) 程序运行时，编译系统会为一维数组分配一段连续的内存空间，按顺序存储数组中的各个元素值，其物理结构如图 6.1 所示。其中，每个元素都是 int 型，占用 4 个字节的内存空间；数组名代表这段内存空间的首地址，在此处 a 代表内存地址 3000。因此，第 i 个元素首地址的计算公式为：数组名+i×sizeof(数据类型)。如 a[2]的首地址(用&a[2]表示)为：&a[2]=a+2×4=3008。

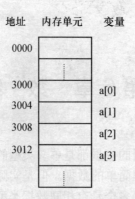

图 6.1　一维数组 a 的物理结构图

在使用一维数组时，读者不必关心其在内存中究竟如何分配，只需关注数组中元素之间的逻辑关系即可。一般，可用图 6.2 中的方式表示一维数组的逻辑结构。另外，在 C 语言程序中，如果使用 a[i]的首地址只需用表达式 a+i 即可，编译系统会根据数组类型自动确定每个元素所占内存的字节数。

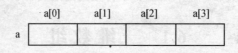

图 6.2　一维数组 a 的逻辑结构图

6.1.2　一维数组的引用

数组定义之后即可使用，但不能直接引用整个数组，只能引用数组中的单个元素，一个数组元素就相当于一个简单变量。一维数组元素的引用格式如下：

数组名[下标表达式]

下标表达式是一个整型表达式或能转换为整型表达式的字符型表达式。例如：

```
int a[8] ;              //定义了一个具有 8 个元素的整型数组 a
a[2]=18;                //为数组元素 a[2]赋值为 18
```

注意：

(1) 要注意数组定义和数组元素引用时下标的区别。语句"int a[8];"中的 8 指定义的数组 a 共有 8 个元素；而"a[2]=18;"中的 2 指下标为 2 的元素 a[2]的下标。

(2) 数组名代表数组所占内存的首地址，因此数组名是一个常量，不能放在赋值号左边被赋值。例如：

```
printf("%d",a);         //输出数组 a 所占内存单元的首地址
printf("%d",sizeof(a)); //输出数组 a 所占内存单元的字节数 32
scanf("%d",a);  /*与 scanf("%d",&a[0]);功能相同，输入一个整数存储到以 a 为首地
                址的内存单元中，也就是 a[0]所占内存单元中*/
```

(3) 不能直接引用整个数组，只能引用数组中的单个元素。例如：

```
for(i=0;i<8;i++)        //通过循环对数组中的每个元素赋值
```

```
scanf("%d",&a[i]);
```

另外，为与数组的下标一致，本书规定，数组中的第 i 个元素是下标为 i 的元素，因此 a[0]为第 0 个元素。

(4) 防止下标越界。例如：

语句"int a[8];"定义的数组 a 有 8 个元素，有效下标是 0～7。当程序中用到元素 a[i]时，编译系统会根据公式：a+i×4 计算出 a[i]的首地址，然后对以此地址为首地址的相邻 4 个字节的内存单元进行访问，而不管访问的内存单元是否在为数组 a 所分配的内存范围内。如果访问的这段内存单元正好分配给了该程序的其它变量，则可能造成程序的逻辑错误；如果没有分配给该程序，则可能造成程序运行时错误。

6.1.3 一维数组的初始化

在 C 语言中，一维数组除了用赋值语句或输入语句给数组元素赋值之外，还可以在定义一维数组的同时给数组元素赋值，称为一维数组的初始化。

初始化的一般形式为：

「存储类型」类型说明符 数组名［整型常量表达式］=｛初始值列表｝

其中：

(1) 初始值列表中的数据用逗号分开，数据个数一定不大于数组的长度。例如：

```
int a[8]={1,2,3,4,5,6,7,8};
```

编译系统会按照数据与数组元素的对应顺序一一赋值，即第 i 个数据赋给元素 a[i](0<=i<=数组长度-1)。初始化后的数组 a 状态如图 6.3 所示。

	a[0]	a[1]	a[2]	a[3]	a[4]	a[5]	a[6]	a[7]
a	1	2	3	4	5	6	7	8

图 6.3 一维数组 a 的初始化状态图

(2) 对数组全部元素赋值时可以省略数组长度，C 语言编译系统会自动根据列表中的数据个数指定数组长度。例如：

```
int a[8]={1,2,3,4,5,6,7,8}; 也可写成 int a[]={1,2,3,4,5,6,7,8};
```

(3) 只对部分元素赋值。例如：

```
int a[8]={8,6,3};
```

则 a[0] 为 8，a[1] 为 6，a[2] 为 3，其余 5 个元素自动赋值为 0。

因此，如果数组中的元素要全部赋值为 0，可以简写成：

```
int a[8]={0};
```

(4) 如果数组不进行初始化，则元素值为随机数，而 static 型或全局数组会自动赋值为 0。

【例 6.1】用模拟法编程实现，求 N 个人中出现至少两人生日相同事件的概率。

程序分析：模拟法就是用反复进行随机抽样的方法模拟各种随机变量的变化，进而通过计算了解方案评价指标概率分布的一种分析方法。本题中生日一共有 366 个，为了便于实现，不用日期方式表示生日，而是用 0～365 之间的数字表示。每一次模拟过程中随机生成 N 个人的生日，只要出现有两人生日相同的情况，则给计数器 count 加 1，本次模拟立即结束；如果没有出现有两人生日相同的情况，count 不变，本次模拟结束。如此模拟若干次，用相同生日出现的次数除以模拟总次数，则是出现生日相同事件的概率。模拟次数越多，越接近于正确值。程序如下：

```c
#include <stdio.h>
#include <time.h>
#include <stdlib.h>
void main()
{
    char date[366];                         //数组 date
    int number,i,count,j,Total,k;
    printf("Please input number of people:\n"); //输出提示信息
    scanf("%d",&number);                    //输入人数
    printf("Please input simulation times:\n");
    scanf("%d",&Total);                     //输入模拟次数
    count=0;
    srand((unsigned)time(0));      //设置随机种子使程序每次运行产生的随机数均不同
    for(i=0;i<Total;i++)           //外层循环控制模拟的次数
    {
        for(k=0;k<366;k++)         //清除上次模拟生成值，为本次模拟做准备
            date[k]=0;             //date[k]值为 0 表示还没有生日为 k 的人
        for(k=0;k<number;k++)      //内层循环控制生成 number 个人的生日
        {
            j=rand()%366;          //随机生成一个生日
            if (date[j]==0)        //如果 date[j]处为 0，则说明还没有此生日的人
            date[j]=1;             //将此处的值修改为 1
        else                       //否则说明已经有生日相同的人
        {
            count++;               //生日相同的次数加 1
            break;                 //没有必要再生成其它人的生日，跳出内层循环
        }
    }
}
    printf("%d 个人生日相同的概率为:%f\%\n",number,((float)count/Total)*100);
}
```

【例 6.2】编程实现用选择法将 5 个整数由小到大排序。

程序分析：选择排序的核心思想是每次在未排好序的数据中找出最小值，并将最小值交换到未排序数据的第一个位置上。如此反复，直到全部数据排序完毕。为了提高程序的执行效率，当找出最小值时要判断一下最小值是否位于未排好数据的第一个位置上，

76

如果不是才需要交换。假定初始序列为 7、3、1、5、9，选择排序的过程如下：

7	1	1	1	1
3	3	3	3	3
1	7	7	5	5
9	9	9	9	7
5	5	5	7	9
初始序列	第一趟排序后	第二趟排序后	第三趟排序后	第四趟排序后

程序如下：

```c
#include <stdio.h>          //程序 6_1.cpp，5个数的选择排序，循环中只记录序号
void main()
{
    int i,j,t,k,a[5];
    printf(" Please input 5 integers: \n" );
    for (i=0;i<5;i++)        //接收从键盘输入的 5 个数
    scanf(" %d" ,&a[i]);
    for (i=0;i<5;i++)        //选择排序过程
    {   k=i;                 //本轮比较前对 k 进行初始化，第一个未比较数据的位置
                             //为最小
        for (j=i+1;j<5;j++)  //每次比较后，若有更小的数则记录其下标
          if(a[k]>a[j])      k=j;
        if (k!=i)            //若本轮最小值不在当前位置，则交换到当前位置
        {   t=a[i];
            a[i]=a[k];
            a[k]=t;
        }
    }
    printf(" After sorted :\n" );
    for (i=0;i<5;i++)        //输出排序后的数据
       printf("%5d",a[i]);
    printf(" \n" );
}
```

程序结果为：1 3 5 7 9。

6.2 二维数组

二维及二维以上数组统称为多维数组。本节只介绍常用的二维数组，三维及三维以上的多维数组可由二维数组类推得到。

6.2.1 二维数组的定义

数组元素有两个下标的数组称为二维数组，其定义的一般格式为：

「存储类型」数据类型 数组名[一维整型常量表达式][二维整型常量表达式]

其中：

(1) 存储类型、数据类型和数组名的含义与一维数组的相同。

(2) 一维整型常量表达式和二维整型常量表达式分别表示二维数组第一维(也称为行)和第二维(也称为列)的长度，二维数组的长度，即数组包含元素的个数为：一维整型常量表达式×二维整型常量表达式。例如：

```
int a[2][3];
```

定义了整型二维数组 a，数组中包含 6(2×3)个元素，分别是 a[0][0]、a[0][1]、a[0][2]、a[1][0]、a[1][1]、a[1][2]。

(3) 程序运行时，编译系统会为二维数组分配一片连续的内存空间，按行优先原则存储数组中的各个元素值，其物理结构如图 6.4 所示。其中，每个元素都是 int 型，占用 4 个字节的内存空间；数组名代表这段内存空间的首地址，在此处 a 代表 3000。元素 a[i][j] 的首地址的计算公式为：数组名+(i×二维整型常量表达式+j)×sizeof(数据类型)。如 a[1][2] 的首地址(用&a[1][2]表示)为：&a[1][2]=a+(1×3+2)×4=3020。

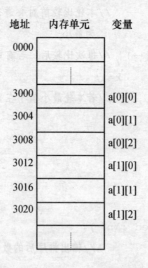

图 6.4 二维数组 a 的物理结构图

同样，在使用二维数组时，读者更关注数组中元素之间的逻辑关系。一般，可用图 6.5 中的两种方式表示二维数组的逻辑结构，本书采用第二种方式。

a[0][0]	a[0][1]	a[0][2]
a[1][0]	a[1][1]	a[1][2]

$$\begin{bmatrix} a[0][0] & a[0][1] & a[0][2] \\ a[1][0] & a[1][1] & a[1][2] \end{bmatrix}$$

图 6.5　二维数组 a 的逻辑结构图

(4) 二维数组可以看作特殊的一维数组，只不过这个一维数组的每个元素又是一个一维数组。例如，二维数组 a[2][3]可以看成是两个元素 a[0]和 a[1]组成，而 a[0]和 a[1]又分别是一个包含了 3 个元素的一维数组。因此，在 C 语言程序中，a+i 代表的是元素 a[i]的首地址，即&a[i]，如 a+1 代表&a[1]，即 3012。编译系统会根据数组类型及第二维的长度自动确定所对应的内存字节数。a[i]相当于一维数组的名字，因此，元素 a[i][j]的首地址写成 a[i]+j 即可。

6.2.2　二维数组的引用

二维数组定义后不可直接引用整个数组，只能引用具有两个下标的数组元素，每个这样的元素也相当于一个简单变量。　二维数组元素的引用格式如下：

数组名[行下标][列下标]

行、列下标表达式是一个整型表达式或能转换为整型表达式的字符型表达式。

例如：

```
int a[2][3];        //定义了一个 2 行 3 列的整型数组 a。
a[1][2]=3;          //表示给数组元素 a[1][2]赋值为 3
```

注意：

(1) 同样防止下标越界问题。在 C 语言中，二维数组的行、列下标的有效范围分别是 0～行下标减 1 和 0～列下标减 1。下标如果越界会产生和一维数组下标越界同样的问题。

另外，为和数组的下标一致，本书规定，二维数组中的第 i 行第 j 列的元素为行下标为 i、列下标为 j 的元素，因此 a[0][0]所处的位置为第 0 行第 0 列。

(2) 引用元素时要严格区分行下标和列下标。a[1][2]指第 1 行第 2 列的元素，属于合法元素，而 a[2][1]指第 2 行第 1 列的元素，属于超界元素。

(3) 在二维数组中，正确引用数组元素的方式是同时具有行下标和列下标。如 a[1][2]即能正确表达一个二维数组元素。

6.2.3　二维数组的初始化

二维数组初始化的方式有下面几种。

(1) 分行赋初值。例如：

```
int a[2][3]={{1,2,3},{4,5,6}};
```

初始化后的数组 a 状态如下：

$$\begin{bmatrix} 1 & 2 & 3 \\ 4 & 5 & 6 \end{bmatrix}$$

(2) 按数组元素的内存分配顺序赋值。例如：

```
int a[2][3]={1,2,3,4,5,6};
```

与前一种方法效果相同。但是数据的行列位置不直观，当数组元素较多时容易遗漏数据，造成赋值错位，并且不利于检查。

(3) 对部分元素赋初值。例如：

```
int a[2][3]={{1},{4}};
```

初始化后的数组 a 状态如下所示，没有被赋值的元素自动赋值为 0。

$$\begin{bmatrix} 1 & 0 & 0 \\ 4 & 0 & 0 \end{bmatrix}$$

但不可以越过前面的元素直接对后面的元素赋值，例如：

```
int a[2][3]={{,2},{,,6}};
```

是错误的。如果只给第 0 行第 1 列和第 1 行第 2 列的元素赋值，可以写作：

```
int a[2][3]={{0,2},{0,0,6}};
```

初始化后的数组 a 状态如下：

$$\begin{bmatrix} 0 & 2 & 0 \\ 0 & 0 & 6 \end{bmatrix}$$

(4) 初始化时，有时可以默认第一维长度，但第二维长度不能默认。这时系统会根据初值总个数和第二维的长度计算出第一维长度。

对全部元素赋初值时，则可以省略第一维长度，编译系统会根据初始化数据的个数和第二维的长度计算出第一维长度。例如：

```
int a[][3]={1,2,3,4,5,6};  与 int a[2][3]={1,2,3,4,5,6};  等价。
```

采用分行赋值法时，即使只对部分元素赋值，也可以省略第一维长度，编译系统会根据大括号的对数确定第一维的长度。例如：

```
int a[][3] ={{0,2},{0,0,6}};  等价于 int a[2][3]={{0,2},{0,0,6}};
```

【例 6.3】编程实现一个 M×M 矩阵的原地转置。

程序分析：矩阵转置指将原来矩阵的第 i 行第 j 列元素转换为新矩阵的第 j 行第 i 列元素。原地转置就是不给数组分配额外的空间来实现矩阵转置。

```
#include <stdio.h>
#define M 4
void main()
{
    int i,j,t;
    int a[M][M]={1,2,3,4,5,6,7,8,9,10,11,12,13,14,15,16};
    printf(" 原矩阵为: \n");
    for(i=0;i<M;i++)                //输出原矩阵
    {   for(j=0;j<M;j++)
            printf("%5d",a[i][j]);
        printf(" \n");
    }
```

```
for (i=0;i<M;i++)              //转置过程，下三角中的 a[i][j]与 a[j][i]位置互换
    for (j=0;j<i;j++)
    { t=a[i][j]; a[i][j]=a[j][i]; a[j][i]=t; }
printf(" 转置后矩阵为: \n");
for(i=0;i<M;i++)               //输出转置后矩阵
{   for(j=0;j<M;j++)
    printf(" %5d",a[i][j]);
printf(" \n");
    }
}
```

如果原矩阵为：   则转置后的矩阵为：

1	2	3	4
5	6	7	8
9	10	11	12
13	14	15	16

1	5	9	13
2	6	10	14
3	7	11	15
4	8	12	16

6.3　字符数组与字符串

　　存放字符数据的数组称为字符数组，可以是一维数组也可以是多维数组，一个数组元素存放一个字符。

6.3.1　字符数组的定义与初始化

　　字符数组只是普通数组中的一种，前面所讲的数组的定义、初始化和引用规则都适用于字符数组，此处仅做简要介绍。

```
char c[5];
```
定义一个有 5 个元素的一维字符数组 c。

```
char a[5]={'s','u','n','1'};
```
定义一个有 5 个元素的数组 a，并用字符进行初始化，数组状态如图 6.6 所示，字符数组中没有赋值的元素自动初始化为'\0'。

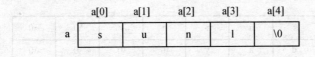

	a[0]	a[1]	a[2]	a[3]	a[4]
a	s	u	n	1	\0

图 6.6　一维数组 a 的初始化状态图

```
char a[5]= {115,117,110,49};
```
定义一个有 5 个元素的数组 a，并用整数进行初始化。由于字符在处理时最终还是要转换为对应的 ASCII 值，因此初始化时可以直接用字符所对应的 ASCII 值进行初始化。数组状态与图 6.2 一致。

6.3.2 字符串的存储

在第 2 章中已经介绍了字符串及字符串结束标志的有关知识，此小节将介绍字符串在字符数组中的存储方式。

用字符串初始化字符数组，比用单个字符常量或整数初始化字符数组简单易用。例如：

`char c[13]={"a sunny day"};` 或 `char c[13]="a sunny day";`

编译系统会将字符串中的各个字符依次赋给字符数组的各个元素，并将没有被赋值的元素自动赋值为字符串结束标志'\0'。数组 c 的初始化状态如图 6.7 所示，□表示空格字符。

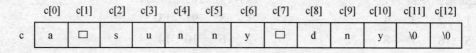

图 6.7　一维数组 c 的初始化状态图

注意：

(1) 在定义字符数组时应保证数组长度大于字符串的实际长度。

要存储字符串"a sunny day"，虽然串的长度是 11，但定义字符数组时数组长度必须最低定义为 12，否则会将部分字符内容及结束标志存入到不属于该数组的其它内存中去，造成程序运行时错误或逻辑错误。

(2) 用字符串初始化字符数组时，编译系统会自动处理结束标志。

结束标志虽然不是字符串的内容，但却是字符串的必不可少的组成部分，编译系统会自动进行处理。例如：

`char c[]="a sunny day";`

则编译系统认为数组 c 的默认长度是 12，即字符串的长度加 1。

(3) 不能用赋值号将字符串整体赋给字符数组。例如：

`char c[12]; c="a sunny day";` 是错误的。

(4) 也可以用字符串常量给多维数组初始化。例如：

`char c[2][7]={"sunny","day"};`

定义了一个具有 14 个元素的二维数组 c，初始化状态如图 6.8 所示。

c[0]	s	u	n	n	y	\0	\0
c[1]	d	a	y	\0	\0	\0	\0

图 6.8　一维数组 c 的初始化状态图

6.3.3 字符串的输入输出

1.字符串的输入

(1) 利用 getchar 函数输入字符串。例如：

```
for(i=0;(a[i]=getchar())!='\n';i++);    //从键盘输入一字符串，回车为结束标志
a[i]='\0';
```

getchar 函数的优点是可以以任何可输入字符作为结束标志，可以在输入过程中对字符串进行处理；缺点是格式较繁琐，容易出错，且需要手工在最后加结束标志。

(2) 利用 scanf 函数输入字符串。

scanf 函数中的%c 和%s 格式都可以输入字符串。%c 是逐个元素输入，其使用格式及优缺点与 getchar 函数基本相同；而%s 是一次性输入整个字符串。例如：

```
scanf(" %s",a);              //输入一个字串到数组 a 中
```

%s 格式输入字符串时，对应的输入项直接用地址，如数组名 a 就代表数组 a 的首地址。

%s 的优点是格式简洁，并自动在串尾加上结束标志；缺点是空格、Tab 键和回车符会被看做分隔符而无法接收。例如：

```
char c1[6],c2[6];
scanf("%s%s",c1,c2);
```

输入数据：

A□sunny□day<CR>

中间的空格(□)被看做分隔符，而不是字符串内容，因此"A"存放到数组 c1 中，"sunny"被存放到 c2 中，"day"等待下次接收。输入后数组 c1,c2 的状态如图 6.9 所示。

c1	a	\0				
c2	s	u	n	n	y	\0

图 6.9　数组 c1 和 c2 的状态图

(3) 利用 gets 函数输入字符串。

gets 函数是包含在 stdio.h 中专用的字符串输入函数，其功能是：从键盘输入一个字符串(包括空格和 Tab)到数组中，以回车符为结束标志，并自动将回车替换为'\0'存入数组。函数原型为：

```
char *gets(char *str)
```

函数原型中的形参形式 char *str 是指针类型，现在只需知道使用此类函数时相应的实参用地址即可，不必深究。例如：

```
char c[13];
gets(c);                //c 为数组 c 在内存中的首地址
```

输入数据：

A□sunny□day<CR>

输入后数组 c 的状态如图 6.10 所示。

	c[0]	c[1]	c[2]	c[3]	c[4]	c[5]	c[6]	c[7]	c[8]	c[9]	c[10]	c[11]	c[12]
c	A	□	s	u	n	n	y	□	d	n	y	\0	\0

图 6.10　数组 c 状态图

gets 函数的优点是格式简洁，能自动处理结束标志，并可以接收空格和 Tab 键。

2. 字符串的输出

和字符串的输入相对应，字符串的输出也有三种方式。

(1) 利用 putchar 函数输出字符串。例如：

```
for(i=0;a[i]!='\0';i++)          //利用 putchar 和循环结构输出字符串
    putchar(a[i]);
```

putchar 函数的优点是可以有选择地输出，可以以任何字符为输出结束标志。缺点是格式较繁琐，容易出错。

(2) 利用 printf 函数输出字符串。

printf 函数中的%c 和%s 格式都可以输出字符串。%c 是逐个元素输出，其使用格式及优缺点与 putchar 函数基本相同；而%s 是一次性输出整个字符串。例如：

```
printf("%s",a);                  //输出数组 a 中存放的字符串
```

%s 的优点是格式简洁，但串尾必须有结束标志'\0'，否则会一直输出，直到遇到 '\0'为止。

(3) 利用 puts 函数输出字符串。

puts 函数也是包含在 stdio.h 中的专用字符串输出函数，其功能是：输出一个字符串，并将结束标志'\0'转换为'\n'输出。其函数原型为：

```
int puts(char *str)
```

例如：

```
char c[]={"a sunny day"};
puts(c);                         //输出数组 c 中的字符串
puts("a sunny day");             //数出字符串常量
```

puts 函数的特点是格式简洁，能自动将结束标志转换为回车后输出，但串尾也必须有结束标志。注意 puts 函数输出字符串与 printf 函数中使用%s 格式输出字符串是不相同的，后者遇到'\0'就停止输出。

【例 6.4】编程实现，输入一个星期的数字，输出对应的英文。

程序分析：首先将星期的名字按星期日到星期六的顺序存储到二维数组中，"Sunday"存储于第 0 行，"Monday"存储于第 1 行，依此类推。然后根据输入数字与所对应名字之间的位置关系输出英文名字。

```
void main()
{
    int number;
    char weekname[7][10]={"Sunday","Monday","Tuesday","Wednesday",
    "Thursday","Friday","Saturday"};//将星期的名字按顺序存储在二维数组中
    printf("Input a week number:\n"); //输出提示信息
    scanf("%d",&number);
    if (number>=0&&number<=6)        //判断输入数字是否在 0～6 之间
        printf("%s\n",weekname[number]);  //输出相应星期的英文名字
    else
```

84

```
    printf(" Invalid number!\n");
}
```

6.3.4 字符串处理函数

字符串应用较广，且比较特殊，为方便字符串的处理，C 语言在 string.h 中还提供了一些字符串处理函数。下面将介绍一些常用函数，读者如需了解更多，可参考附录 4。

1. 字符串连接函数 strcat

函数原型：char *strcat(char *str1,char *str2)

其作用是：将 str2 中的字符串连接到 str1 中字符串的后面，str2 中的内容不变，然后返回 str1 的地址。例如：

```
char c1[22]={"Today is a"};
char c2[22]={" sunny day!"};
strcat(c1,c2);      //将c2中的字符串连接到c1中字符串的后面
```

连接前后的数组 c1 和 c2 的状态变化如图 6.11 所示。

连接前	c1	T	o	d	a	y	□	i	s	□	a	\0											
	c2	s	u	n	n	y	□	d	a	y	!	\0											
连接后	c1	T	o	d	a	y	□	i	s	□	a	□	s	u	n	n	y	□	d	a	y	!	\0
	c2	s	u	n	n	y	□	d	a	y	!	\0											

图 6.11　数组 c1 和 c2 连接前后的状态变化对比图

注意：

(1) str1 的长度必须足够大，以便能够容纳连接后的新字符串，否则会造成程序运行时错误或逻辑错误。

(2) 连接前两个字符串都有结束标志，连接后 str1 中原结束标记被覆盖，在新串尾部保留一个结束标志。

(3) str2 可以是字符串常量或地址常量，但 str1 必须是地址常量或表示地址的变量表达式。如上面的例子 strcat(c1,c2);中 c1、c2 都是数组名，即表示地址的常量。又如：strcat(c1,″ sunny day!″);第一个参数 c1 是数组名，为地址常量；第二个参数″ sunny day!″是一个字符串常量。

但是这条语句是错误的：strcat(″ sunny day! ″,c1); 第一个参数不能为字符串常量。

2. 字符串复制函数 strcpy

函数原型： `char * strcpy(char *str1,char *str2)`

其作用是：将 str2 中的字符串(包括结束标志)复制到 str1 中，str1 中原有内容被覆盖，str2 中的内容不变，然后返回 str1 的地址。例如：

```
char c1[10],c2[10]={"sunny"};
strcpy(c1,c2);          //将c2中的字符串复制到c1中
```

注意：

(1) 保证 str1 的长度足够大，以便能够容纳被复制的字符串。

(2) str2 可以是字符串常量，但 str1 必须是地址常量或表示地址的变量表达式。例如：

```
strcpy(c1,"sunny");
```

是正确的，但

```
strcpy("sunny",c1);
```

是错误的。

3. 字符串比较函数

函数原型：int strcmp(char *str1, char *str2)

其作用是：比较字符串 str1 和 str2 的大小，如果 str1 小于 str2，则返回-1；如果 str1 大于 str2，则返回 1；如果 str1 等于 str2，则返回 0。

字符串大小的判断规则是：从左到右逐个按 ASCII 码值比较 str1 和 str2 中的字符，如果遇到不相同字符，则停止比较并得出大于或小于的结果；如果两个字符串直到遇到结束标志仍都相等，则两个字符串相等。例如：

```
char c1[22]={"sunny rain!"};
char c2[22]={"sunny day!"};
int i;
i=strcmp(c1,c2);      //'r'的 ASCII 码值大于'd'的 ASCII 码值，因此，i 值为 1
```

注意：

(1) strcmp 函数只是比较两字符串的大小，对字符串内容不做任何改变。

(2) 比较两字符串是否相等不能直接用关系运算符。例如：

```
if (str1>=str2) {…}
```

是错误的，要想实现此功能，可用如下格式：

```
if (strcmp(str1,str2)>=0)   {…}
```

4. 字符串长度函数

函数原型：unsigned int strlen(char *str)

其作用是：返回字符串的实际长度(不包括结束标志)。例如：

```
char c[10]={"sunny day"};
printf("%d",strlen(c));              //输出数组 c 中字符串长度 9
printf("%d",strlen("Hello!"));       //输出字符串常量的长度 6
```

【例 6.5】编程实现，输入 N 个字符串，找出其中最大串。

程序分析：字符串输入最好用的是 gets 函数，它可以接收空格和 Tab 键。3 个字符串可以存放到二维字符数组中，利用循环结构实现字符串的输入。字符串的比较用 strcpy 函数实现，输出用 puts 函数实现。

```
#include <string.h>
#define N 3
void main()
{
    char string[N][50];
    int i,max;
    for(i=0;i<N;i++)            //输入 N 个字符串
```

```
        gets(string[i]);
    max=0;
    for(i=1;i<N;i++)                      //找出最大串所在下标
        if (strcmp(string[max],string[i])<0)   max=i;
    puts(string[max]);                    //输出最大串
}
```

6.4 典 型 例 题

【例6.6】以下能正确定义一维数组的选项是(   )。

    A. int   a[5]={0,1,2,3,4,5};   B. char   a[]={0,1,2,3,4,5};

    C. char   a={'A', 'B', 'C'};   D. int   a[5]="0123";

程序分析：选项A中数组长度为5，但初始化数据的个数是6个，已经超过了数组长度；选项C中数组名a后缺少一对[]；选项D中数组a为int类型，则初始化的正确方式是{0，1，2，3}，而"0123"的初始化方式只能针对字符数组。因此正确答案为B。

【例6.7】若有定义 int a[2][3]; 以下选项中对a数组元素正确引用的是(   )。

    A. a[2][!1]   B. a[2][3]   C. a[0][3]   D. a[1>2][!1]

程序分析：数组元素的下标是从0开始到下标表达式减1，所以A、B、C均属于超界元素。选项D中 1>2 是关系表达式，值为假结果为0，!1 是逻辑表达式，值为0，因此所表示的元素为a[0][0]。所以正确选项为D。

【例6.8】有以下程序

```
main()
{
    int x[3][2]={0}, i;
    for(i=0;i<3;i++)   scanf("%d", x[i]);
    printf("%3d%3d%3d\n", x[0][0], x[0][1], x[1][0]);
}
```

若运行时输入：2 4 6<回车>，则输出结果为(   )。

    A. 2 0 0   B. 2 0 4   C. 2 4 0   D. 2 4 6

程序分析：数组x为3行2列的二维数组，x为二维数组的首地址，x[i]为第i行的首地址，相当于&x[i][0]，因此for循环接收的2、4、6三个数据分别被存放到了x[0][0]、x[1][0]和x[2][0]中，而其它元素的值都被初始化为0。因此，选项B为正确答案。

【例6.9】已有定义：char a[ ]="xyz",b[ ]={'x', 'y', 'z'};,以下叙述中正确的是(   )。

    A. 数组a和b的长度相同   B. a数组长度小于b数组长度

    C. a数组长度大于b数组长度   D. 上述说法都不对

程序分析：用一组单个字符初始化一个默认长度的数组时，字符的个数即为数组的长度；而用字符串初始化一个默认长度的数组时，除字符串的内容外，还要包含结束标志，因此编译系统将数组的长度确定为字符串长度加1。所以，正确答案为C。

【例 6.10】下面程序运行后，其输出是(　　)。

```
#include <stdio.h>
main()
{
    char s[30]=" abcdefg" ;
    char t[]=" abcd" ;
    int i, j;
    i=0;
    while( s[i]!='\0')  i++;
    j-0;
    while(t[j]!='\0')
    {  s[i+j]=t[j];
        j++;
    }
    s[i+j]='\0';
    printf(" %s\n" , s);
}
```

A. abcdabcdefg　　　　B. abcdefg　　　　C. abcd　　　D. abcdefgabcd

程序分析：第一个 while 循环的功能是寻找数组 s 中字符串的结束标志所在位置，循环结束后 i 值为 7，正好是结束标志所在位置的下标。第二个 while 循环是将数组 t 中的字符串依次存放到数组 s 中原有字符串的后面。存放完毕后在新串的最后加一个结束标志，以便构成一个完整的字符串。因此此程序实现的就是函数 strcat 所实现的字符串连接功能。因此答案为 D。

【例 6.11】写出下面程序运行后的结果。

```
#include <string.h>
main()
{
    char p[20]={ 'a', 'b', 'c', 'd'}, q[]=" abc" , r[]=" abcde" ;
    strcat(p, r);
    strcpy(p+strlen(q), q);
    printf(" %d\n" , strlen(p));
}
```

A. 9　　　　　　　　B. 6　　　　　　　　C. 11　　　　　　　D. 7

程序分析：虽然字符串连接函数 strcat 把字符串 r 连接在字符串 p 的后面(即字符串 p 中现在存放着 abcdabcde 这 9 个字符)，但是字符串复制函数 strcpy 又把字符串 q 复制到字符串 p 中第 4 个字符开始的位置，最终字符串 q 中存放的是 abcabc。

【例 6.12】一组数据已经按照非递减顺序排好，要求使用折半查找法查找一个数是否存在于这组数据中。

程序分析：折半查找的思想是将排好序的数据分成个数大致相同的两半，取中间数据与查找的数据作比较，如果相等则查找成功，输出数据所在位置；否则，如果中间数据大于查找数据，则用同样方式在原来数据的后半部分查找；如果中间数据小于查找数据，则用同样方法在原来数据的前半部分查找。如果直到查找的范围缩小至小于等于 0 还没有找到要查找的数据，则说明这组数据中不存在要查找的数据。

```c
#include <stdio.h>
#define m 8
void main()
{
    int a[m]={-2, 1, 3, 4, 5, 6, 7, 8};
    int n, low, high, mid, found;
    low=0;high=m-1;                    //查找范围的上限与下限赋初值
    found=0;
    printf("input a number to be search:");
    scanf("%d",&n);                    //输入所要查找的数
    while(low<=high)                   //折半查找过程
    {   mid=(low+high)/2;              //找到最中间的那个数的下标
        if(n==a[mid])
        {  found=1;break;  }           //找到所求的数
        else if (n>a[mid]) low=mid+1;//所求数大，则将查找范围缩小为本次查找
                                        范围的后半部分
            else high=mid-1;           //所求数小，则将查找范围缩小为本次查找范围
                                        的前半部分
    }
    if (found)                         //查找成功则输出其位置，即下标
        printf("the index of %d is %d\n", n, mid);
    else                               //查找不成功
        printf("there is not %d\n", n);
}
```

<h1 align="center">习　题</h1>

一、选择题

1. 下列一维数组初始化语句中，正确的是(　　)。

    A. int a[5]={, 2, 3, 4};　　　　　　　　B. int a[5]={};

    C. int a[5]={5*2};　　　　　　　　　　D. int a[5]={1, 2, 3, 4, 5, 6};

2. 下列程序段正确的是(　　)。

    A. int i, a[5];for(i=0;i<5;i++) a[i]=(i+1)*10;

    B. int a[5];a={10, 20, 30, 40, 50};

C. int a[5];a[1]=10;a[2]=20;a[3]=30;a[4]=40;a[5]=50;

D. int a[5];a[5]={10，20，30，40，50};

3. 若有说明 int a[3][4]; 则对其数组元素的正确引用是(　　)。

　　A. a[2][1+2]　　　　　　B. a(2)(3)　　　　　C. a[2，3]　　　　　D. a[3][4]

4. 下列二维数组初始化语句中，正确的是(　　)。

　　A. int a[2][3]={{1，2}，{3，4}，{5，6}};　　B. float a[3][]={1，2，3，4，5};

　　C. int a[][3]={1，2，3，4，5};　　　　　　　D. int a[2][3]={{1，2}，{}，{3，4}};

5. 有以下定义:

```
int a[]={0, 1, 2, 3, 4};
char c1='b', c2='1';
```

则数值为 3 的表达式是(　　)。

　　A. a[2]　　　　　　　B.'e'-c1　　　　　C. a[4-c2]　　　　　D. c2+1

6. 有以下定义:

```
char c1=" abcdef" ;
char c2={'a', 'b', 'c', 'd', 'e', 'f'};
```

则正确的叙述是(　　)。

　　A. 数组 c1 和数组 c2 等价　　　　　　　B. 数组 c1 和数组 c2 的长度相等

　　C. 数组 c1 的长度大于数组 c2 的长度　　D. 数组 c1 的长度小于数组 c2 的长度

7. 下列对字符串的操作不正确的是(　　)。

　　A. char c[3][4]={"ABCD"};　　　　　　　B. char c[4]={'A'，'B'，'C'，'D'};

　　C. char c[4];scanf("%s"，c);　　　　　　D. char c[4];c="ABCD";

8. 请选择以下程序段的输出结果(　　)。

```
#include " stdio.h"
main()
{int i=0;
 char s[]=" ABCD" ;
 for(;i<4;i++)
    printf(" %s\n" , s+i);
}
```

　　A. ABCD　　　　　　　B. A　　　　　　　C. D　　　　　　　D. ABCD

　　　　BCD　　　　　　　　　B　　　　　　　　C　　　　　　　　ABC

　　　　CD　　　　　　　　　C　　　　　　　　A　　　　　　　　AB

　　　　D　　　　　　　　　D　　　　　　　　B　　　　　　　　A

9. 下列叙述中错误的是(　　)。

　　A. 字符数组中的字符串可以整体输入输出。

　　B. 字符数组可以存放字符串。

　　C. 可以在赋值语句中对字符数组整体赋值。

　　D. 不可以用关系运算符对字符数组中的字符串进行比较。

二、填空题

1. 有以下定义:

float b[20];

则数组 b 共有_____个元素，其中的第一个元素为_____，最后一个元素为_____，数组 b 的起始地址为_____，数组在内存中连续占用_____个存储单元。

2. 数组在内存中占一片连续的存储区，由_____代表这段存储区的首地址。

3. 以下程序的运行结果是_____。

```c
#include "stdio.h"
main()
{int i;
 int a[]={5, 10, 15, 20, 25};
 for(i=4;i>=0;i--)
 printf("%d", a[i]);
}
```

4. 以下程序的执行结果是_____。

```c
#include "stdio.h"
main()
{int i;
 int a[3][2]={5, 10, 15, 20, 25};
 for(i=0;i<2;i++)
 printf("%d", a[2-i][1-i]);
}
```

5. 以下程序的执行结果是_____。

```c
#include "stdio.h"
#include "string.h"
main()
{char ch[8]={'s', 'u', 'n', 'n', 'y'};
 printf("%d  %d", strlen(ch), strlen(ch+2));
}
```

6. 以下程序执行时输入 Hello world!<回车>，则程序的结果是_____。

```c
#include "stdio.h"
main()
{char ch1[20], ch2[20];
 scanf("%s", ch1);gets(ch2);
 printf("ch1=%s\nch2=%s\n", ch1, ch2);
}
```

7. 以下程序对数组中的值进行排序，填空。

```c
#include "stdio.h"
#define N 10
```

91

```
main()
{int a[N], i, j, k;
for(i=0;i<N;i++)
    scanf("%d", a+i);
for(k=1;_____;k++)
    for(_____;i<N-k;i++)
        if(a[i]<a[i+1])
        {j=a[i];
            _____;
            _____;
        }
for(i=0;i<N;i++)
    printf((i%4)?"%4d": "\n%4d", a[i]);
printf("\n");
}
```

三、程序设计题

1. 输入 10 个同学的成绩，统计 80 分以上和不及格的人数，并输出平均值。

2. 输入 10个整数，找出最大和最小的数，并指出它们所在的位置。

3. N 个整数从小到大排列，输入一个新数插入其中，使 N+1 个整数仍然有序。

4. 计算一个 N×N 矩阵的主对角线元素之和。

5. 用筛选法在屏幕上显示 300 以内的素数，并将这些素数存放在一维数组中。

6. 用选择法对输入的 N 个整数排序。

7. 编程实现将输入的字符串逆序存放。

8. 输入一行字符串，统计其中字母、数字及其它字符的个数。

9. 编写程序对输入的字符串进行加密，加密规则为：每个字母转换为后面相隔两个的那个字母，即 a 变为 d，A 变为 D，z 变为 c，Z 变为 C，其它依此类推。

10. 编写程序将两个字符串连接起来。

11. 编写程序将两个按照字母顺序排列的任意字符串进行合并，合并后的字符串依然按照字母顺序排列。如 achk 和 bfg 合并后应为 abcfghk。

12. 编写程序形成如下矩阵。

$$A = \begin{bmatrix} 1 & 1 & 1 & 1 & 1 \\ 2 & 1 & 1 & 1 & 1 \\ 3 & 2 & 1 & 1 & 1 \\ 4 & 3 & 2 & 1 & 1 \\ 5 & 4 & 3 & 2 & 1 \end{bmatrix}$$

13. 编写程序，建立并输出一个除了对角线元素为 1，其余元素都为 0 的 8×8 的单位矩阵。

14. 已知五家企业完成三种产品的产值情况如下表。利用数组方法分别求各个产品的总产值和各个企业的总产值(单位：万元)。

产品系列 / 企业代码	A	B	C
一	20	30	26
二	30	20	25
三	25	50	20
四	46	15	10
五	35	15	12

15. 已知 n+1 个数 a_0，a_1，$\cdots$，a_n，试将这 n+1 个数排列成一个如下的对称方阵：

$$\begin{bmatrix} a_0,a_1\cdots a_n \\ a_1,a_0\cdots a_{n-1} \\ \cdots\cdots\cdots\cdots \\ a_n,a_{n-1}\cdots a_0 \end{bmatrix}$$

16. 通过键盘分别向一维数组 a 和一维数组 b 中输入数据(a 和 b 数组的大小自己定义)，把在两个数组中都出现的数据打印出来，并指出其在 a 和 b 中的位置(即下标)。

17. 通过键盘分别向二维数组 a 和二维数组 b 中输入数据(a 和 b 数组的大小自己定义)，把只在其中一个数组中出现的数据打印出来。

18. 利用一维数组编程解决下面问题：

假定有一叠卡片，卡片号为 1~100，并且所有卡片的正面都朝上。从卡片号 2 开始，把凡是偶数的卡片都翻成正面朝下，再从 3 号卡片开始把凡是卡片号为 3 的倍数的卡片都翻一个面，下一步是从 4 号卡片开始把凡是卡片号是 4 的倍数的卡片再翻转一次，后面的操作依此类推。此过程完成后，哪些卡片的正面朝上？共有几张？

19. 任意给定自然数 n，试用自然数 1，2，$\cdots$，n^2，构造回旋状方阵。例如，当 n=5 时，回旋方阵如下：

$$\begin{bmatrix} 1 & 2 & 3 & 4 & 5 \\ 16 & 17 & 18 & 19 & 6 \\ 15 & 24 & 25 & 20 & 7 \\ 14 & 23 & 22 & 21 & 8 \\ 13 & 12 & 11 & 10 & 9 \end{bmatrix}$$

第7章 函 数

结构化程序设计需遵循自顶向下、逐步求精和模块化程序设计等原则，即将一个复杂问题分解成若干易处理的简单子问题，一旦解决了所有子问题，则原来的复杂问题便迎刃而解。通过这样的方式，不仅可以降低程序设计难度、提高程序的可维护性和可读性，而且利于多人协作开发。在 C 语言中，采用函数的形式实现此设计原则。

一个 C 语言源程序一般由一个 main 函数及许多其它函数组成，每一个函数完成某一特定任务。从用户角度看，函数可以分为标准库函数和用户自定义函数。标准库函数是编译系统提供的已经编写好的函数，其函数原型放在不同的头文件中，如前面用到的 printf 和 scanf 包含在 stdio.h 中，srand 和 rand 函数包含在 stdlib.h 中等。如果要使用标准库函数，只需将相应的头文件用#inlcude 包含到源文件中即可。而用户自定义函数是用户根据需要自行编写的函数，必须先定义后使用。

本章主要介绍用户自定义函数的定义、调用，函数参数的类型、递归函数及变量的作用域与存储类型。

7.1 函 数 定 义

函数定义的一般形式如下：

「数据类型」 函数名 (形式参数列表)
{
　　函数体
}

例如，下面 add 函数的功能为求两个整数之和。

```
int add( int a,int b)
{
  int c;
  c=a+b;
  return c;
}
```

其中：

(1) 函数名是指所定义函数的名字，如 add，应符合 C 语言标识符构成规则。

(2) 数据类型用于说明该函数返回值的数据类型。一般函数中会有一条或多条 return 语句，函数的返回值类型应与 return 语句中的表达式的数据类型一致，如 add 函数中 return 语句中的表达式 c 为 int 类型，则 add 函数的返回值类型也应定义为 int 类型。如果函数中没有 return 语句，则表明该函数没有返回值，则函数的返回值类型需定义为 void。如果数据类型省略，则默认为 int 类型。

(3) 形式参数列表(简称形参)用于表明参数的类型和名称，例如 add 函数中有两个参数，第一个为 int 类型的 a，第二个为 int 类型的 b，参数之间用逗号分隔。形参表明该函数被调用时需要传递给该函数的参数个数及类型，在函数体中形参相当于一个相同类型的普通变量，例如语句 c=a+b；用到的形参 a 和 b，当该函数被调用时才会赋予这些形参变量实际的值。如果该函数没有形参，则括号内为空或写上 void 均可，但两边的括号必须有。

(4) {} 中的内容称为函数体。函数体由变量定义语句和执行语句组成。变量定义语句必须在执行语句的前面，所定义的变量只能在该函数内部使用。执行语句中有一条较为特殊的语句，即 return 语句，其使用格式为：

```
return (表达式);
```

其功能有：①结束函数的执行，返回到主调函数；②将一个表达式的值带回主调函数。只要执行到此语句则结束该函数的执行，返回到主调函数继续执行。在一个函数体中可以有多个 return 语句，但是最多只能有一个可以被有效执行到，因为函数一旦执行到一个 return 语句，便返回调用函数，此语句后面的其它任何语句都不会再被执行。在实际应用中表达式两边的括号可以省略。

在定义函数时指定的函数类型一般应该和 return 语句中的表达式类型一致。如果函数值的类型与 return 语句中表达式的值不一致，则以函数类型为准，对表达式结果自动进行类型转换。例如，add 函数中的变量 c 如果定义为 float，系统则自动将变量 c 的值转换为整型，然后将其带回主调函数。

如果函数体为空，则此函数称为空函数，调用此函数时，函数无任何操作，只起到暂时占位的作用，代表函数的具体功能将在以后补充完成。例如：

```
int max(int a, int b)
{}
```

(5) 函数的定义是平等的，不能在一个函数中定义另外一个函数。如上面的 add 和 max 函数，定义时不能将 add 的定义放在 max 函数的函数体中，反之亦不能。

7.2　函数调用形式

函数定义后就可以调用了。标准库函数是编译系统已经封装好的函数，只能被调用，而自定义函数既可以调用其它函数，也可以被其它函数甚至是本身函数调用。main 函数是一个非常特殊的函数，它是一个 C 语言应用程序的入口，因此，main 函数可以调用其它函数但是不能被其它函数调用。

C 语言中，函数调用的一般形式为：

```
函数名 (实际参数列表)
```

其中，实际参数列表是用逗号分隔的表达式列表，实参的个数、顺序与参数类型一般要与函数的形参一致。例如：

```
add(2,3*4);
```

实参有 2 个，第 1 个实参为 2，int 类型，第 2 个实参为表达式 3*4，int 类型，与 add 函数定义时的参数个数、顺序及参数类型均一致。

下面以例 7.1 为例，说明函数的执行过程。

【例 7.1】编写函数，求两个整数之和。

```c
#include <stdio.h>
int add( int a,int b)          //定义 add 函数，功能为求两整数之和
{
    int c;                     //定义语句
    c=a+b;                     //求两个整数之和，存入变量 c 中
    return c;                  //将和返回主调函数
}
void main()
{
int sum,data1=10,data2=20;
sum=add(data1,data2);          //利用 add 函数求 data1 和 data2 之和，并将和存入
                                 sum
printf("%d+%d=%d\n",data1,data2,sum);
}
```

一个 C 语言程序经过编译链接后生成可执行的.exe 文件，当文件被执行时，首先从外存将程序调入内存中，然后从程序的 main 函数处开始执行。执行中，如果遇到函数调用，则暂停调用函数的执行，保存下一条指令的地址(以便知道被调函数执行完毕后该到何处继续执行)和当前现场后转到被调函数处继续执行。当遇到被调函数的 return 语句或被调函数结束处(即函数尾部的右括号时)，则恢复现场，转到保存的下一条指令的地址处继续执行。图 7.1 说明了例 7.1 的执行过程，图中的标号指明了执行顺序。本章中后面的图示中标号意义相同。

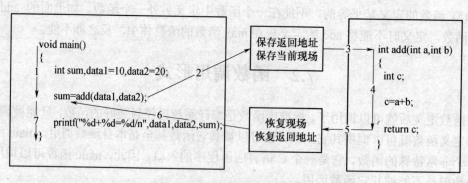

图 7.1　函数执行过程示意图

关于函数调用需要注意的几个问题：

(1) 只有函数被调用时，才会为函数的形参分配内存空间，并将实参的值传递给相应的形参，即形实参结合。当函数执行完毕后，形参所占内存空间被释放。例如，例 7.1 中的语句 sum=add(data1，data2)的执行过程如图 7.2 所示，将 data1 的值(10)赋给变量 a，

96

data2 的值(20)赋给变量 b，然后执行 add 函数中的各语句；遇到 add 函数中的 return 语句后返回主调函数继续执行，即将表达式 c 的值(30)返回主调函数，将函数的返回值赋给变量 sum，因此，语句执行完毕后，sum 的值为 30。

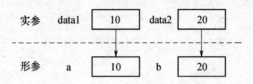

图 7.2　函数形实参结合示意图

(2) 函数的实参可以是各种类型的表达式，但必须具有确定的值。例如，add(3，data1)、add(data1*4，data2)均是合法的函数调用。另外，函数调用也可以作为实参，例如 add(3，add(4，5))，即将 add(4，5)的返回值 9 作为 add 函数第 2 个实参，等同于 add(3，9)。

(3) 函数实参和形参的个数、数据类型和顺序必须严格一致，否则会出现语法错误。例如 add(data1)、add(3，4，5)均是错误调用。但 add(3.4，5)是合法调用，因为 3.4 虽然为 double 类型，但调用时会自动进行隐式类型转换，将 3.4 转换为 int 类型的 3。

(4) 函数虽然不允许嵌套定义，但允许嵌套调用，即允许在一个函数的定义中出现对另一个函数甚至是自身函数的调用。例如，例 7.1 中 main 函数定义中调用了 add 函数和 printf 函数。

【例 7.2】编写函数根据传递的实参值 n 打印每行 7 个星号共 n 行的平行四边形。

```c
#include <stdio.h>
void Parallelogram (int n)
{
    int i, j, k;
    for(i=0;i<n;i++)              //控制星号的行数
    {
        for(k=0;k<i;k++)
            printf(" ");         //控制每行向右缩进空格个数
        for(j=0;j<7;j++)         //控制每行星号的个数
        {
            printf("*");
        }
        printf("\n");            //每行打印完毕回车换行
    }
}
void main()
{
    int t;
    printf("请输入打印星号行数:");
    scanf("%d", &t);
```

```
                Parallelogram(t);
}
```

运行结果如下：

请输入打印星号行数:3

****

　******

　　******

7.3　函数原型声明

例 7.1 和例 7.2 都是先定义后调用，而如果函数的定义在函数调用的后面，编译系统会提示语法错误或警告信息。VC++ 6.0 会在编译时会出现一个函数未定义的警告信息。为此，在函数调用之前可以先对被调用函数进行声明，称为函数原型声明。函数原型声明的一般形式为：

数据类型　被调函数名(类型　「形参」，类型　「形参」…)

函数原型声明可以向编译系统提供函数必要的信息：函数名，函数的返回值类型，函数参数的个数、类型和顺序等。原型声明和函数的定义一样，并不为形参分配内存空间，因此，原型声明时可以省略形参名称。例如：原型声明语句 int add(int a, int b);与 int add(int , int);等价。

如果函数原型声明语句位于所有函数之前，则该原型声明在本文件的任何地方都有效，即在文件的任何地方都可以调用此函数；如果位于某个主调函数内部，则只能在该主调函数内部有效。

【例 7.3】输出 2～100 之间的素数，要求编写函数 isprime 判断一个正整数是否为素数。

程序分析：函数 isprime 用于判断一个正整数是否为素数。因此，需要主调函数将需要判断的确定的正整数传递给该函数，所以需要一个 int 类型的形参。判断完毕后需要将是否为素数的信息返回给主调函数，如果是素数，可以用 1 表示，否则用 0 表示。0 和 1 均为 int 类型，因此函数的返回值类型确定为 int 类型。

```
#include <stdio.h>
#include <math.h>
int isprime(int);          //在所有函数前进行原型声明，等价于 int isprime(int a)
void main()
{
                           //如果没有前面的原型声明，此处可以进行主调函数内原型声明
for(m=2;m<=100;m++)
  if (isprime(m))          // isprime(m)的返回值如果是 1(非 0)则说明是素数
    printf("%5d", m);
}
int isprime(int a)
{
```

```
    int i;                    //定义循环变量 i，i 只能在 isprime 函数内部使用
    for(i=2;i<=sqrt(a);i++)   //注意：for 循环的循环体为 if (a%i==0) return 0;
     if(a%i==0)
        return 0;             //如果 a 能被 i 整除，则 a 不为素数，直接将 0 返回到主调函数
     return 1;                //如果能执行到此语句，则说明条件 (a%i==0) 从来没满足过，
    }                         //即没有找到 a 的一个因数，证明 a 是一个素数
```

注意：

(1) 被调函数的定义出现在主调函数之前，则不需要再进行函数原型声明，如例 7.1。

(2) 对库函数的调用不需要原型声明，但必须把包含该函数原型声明的头文件用 #include 命令包含在源文件首部。

(3) 函数原型与函数定义最大的区别是函数原型没有函数体，函数定义必须有函数体。

7.4　数组作为函数参数

迄今为止，函数的形参都是简单变量，在调用函数时实参传递给形参的是实参的值，这种参数传递方式称为传值调用。传值调用的特点是形参和实参各占用不同的内存单元，形实参结合的过程只是将实参的值赋给形参，但形参的改变并不影响实参。例如，在图 7.2 中，形参 a 的值如果发生了改变，实参 data1 并不受影响。

传值调用是单向传递，如果需要使被调函数中对形参所做的改变对主调函数中的实参也有效，则需要将实参的地址传递给形参，这种参数传递方式称为传址调用。传址调用不仅可以通过改变形参所指向的内容改变实参值，而且克服了函数最多只能返回一个信息的局限性。传址调用中被调函数的形参用指针或数组的形式，指针将在第 8 章介绍，此处仅介绍形参为数组的形式。

7.4.1　数组元素作函数实参

单个数组元素可以作为函数实参，这同前面简单变量做形参、实参为相应类型的表达式一样，属于单向的值传递。在这样情况下，传递的是单个数组元素的值，只需将单个数组元素看成一个简单变量即可。

下面是一个以数组元素为函数实参的例子，示例调用例 7.3 中的函数 isprime，并且以数组元素为实参。

【例 7.4】利用例 7.3 中的函数 isprime 判断数组中各元素的值是否为素数。

```
//此处为节约篇幅，省略 isprime 函数，只给出了 main 函数代码
void main()
{
int m[]={7, 9, 10, 13};
int i;
```

```
for(i=0;i<4;i++)
  if (isprime(m[i]))      //数组元素为实参，实参m[i]和形参a占用不用的内存单元
    printf("%5d", m[i]);
}
```

7.4.2　数组名作函数参数

数组名作函数参数时，必须遵循如下原则：

(1) 形参为数组形式，实参为数组名。

(2) 实参数组和形参数组的数据类型必须相同，形参不用指明数组长度。

(3) 数组名不仅仅代表数组的名称，而且代表该数组在内存中的首地址，因此，用数组名作函数参数时，实参传递给形参的是数组的名字，即地址，是典型的传址调用。这样，实参和形参数组共享同一段内存空间。

【例 7.5】编写函数 reverse，其功能为将一个一维数组中的 n 个整型元素逆序存放，不使用辅助数组。

程序分析：逆序存放是指将第 i($0 \leq i \leq n-1$)个元素放到倒数第 i(即正数第 n-1-i)个位置上。因此只需用循环将第 i 个元素与第 n-1-i 个元素交换即可，i 的取值范围为 $0 \leq i \leq n/2$。本例中的逆序存放功能要求用函数实现，因此，需要声明一个数组类型的形参以便接收存放着 n 个整数的一维数组的首地址。数组类型的形参只是接收数组的首地址，但函数不知道数组中究竟有多少个元素，因此需要第二个 int 类型的形参，用于接收数组中元素的个数。函数的功能是实现逆序存放，不需要返回任何值，因此函数的返回类型为 void。

```
#include <stdio.h>
void reverse( int b[], int n) //形参b[]用于接收实参数组首地址，n接收数组元素个数
{
    int i, t;                //i为循环变量，t为交换数据时的临时空间
    for (i=0;i<n/2;i++)      //实施交换
    {
        t=b[i];
        b[i]=b[n-i-1];
        b[n-i-1]=t;
    }
}
void main()
{
int a[10]={2, 4, 6, 8, 10, 12, 14, 16, 18, 20}, j;
reverse(a, 10);             //数组形式的形参所对应的实参为数组名
for(j=0;j<10;j++)           //将逆序存放后的元素输出
  printf("%d ", a[j]);
}
```

注意：传址调用时，为数组形式的形参不是分配一个数组，而只是分配 4 个字节的内存空间，形实参结合是将实参的值(即实参数组在内存中的首地址)存放到为形参分配的 4 个字节的内存单元中。例 7.5 中的形实参结合示意图如图 7.3 所示。主调函数中的数组元素 a[i] 的首地址的计算公式为：a+i*sizeof(int)，被调函数中数组元素 b[i] 的首地址的计算公式为 b+i*sizeof(int)，因为此时变量 b 中存放的值为 a，所以等价于 a+i*sizeof(int)。由此可以看出，被调函数中的 b[i] 和主调函数中的 a[i] 共享一段内存单元。传址调用就是利用此原理达到改变形参对实参也有效的目的。

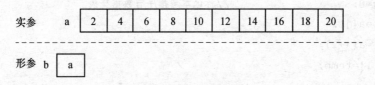

图 7.3 传址调用形实参结合示意图

【例 7.6】编写一函数，使用冒泡法将一个整数数组中若干个整数按从小到大的顺序排序。

程序分析：冒泡法排序的基本思想是，将待排序的元素看作是竖着排列的"气泡"，每趟比较过程中，若发现相邻的两个数据中小的数据在大的数据后面，则交换相邻两数据，即较小的元素比较轻，从而要往上浮，较大的数据好比石块往下沉，每趟比较都会将本趟参加比较的数据中最大的数据放到本趟参加比较的数据的最后，在下一趟比较时，上一趟比较中最大的那个数据不再参加排序。如果某趟排序中无数据交换，表示所有数据已经有序，可以结束排序。

例如有如下数据：76，38，65，97，49。其排序过程如下：

76	38	38	38	38
38	65	65	49	**49**
65	76	49	**65**	65
97	49	**76**	76	76
49	**97**	97	97	97
初始顺序	第一趟排序后	第二趟排序后	第三趟排序后	第四趟排序后

```c
#include <stdio.h>
#define N 5
void sort(int a[], int n)
{
int i, j, temp, flag, k;
```

```
    k=0;
    for(i=1;i<=n-1;i++)
    {
     flag=1;                    //标记本趟排序是否有数据交换
     for(j=0;j<=n-i-1;j++)
     if(a[j]>a[j+1])            //前面数据大于后面数据，交换两数据
     {
      flag=0;                   //标记本趟排序有数据交换
      temp=a[j];
      a[j]=a[j+1];
      a[j+1]=temp;

     }
     if(flag==1) break;         //如本趟排序无数据交换，表示所有数据已有序，结束排序
     k++;                       //记录排序趟数
    }
    printf("%d", k);
}
void main()
{
    int a[N]={76, 38, 65, 97, 49}, i;
    sort(a, N);
    printf("\n 排序后的数据为:\n");
    for(i=0;i<N;i++)
     printf(" %d", a[i]);
    printf("\n");
}
```

程序运行结果为：

排序后的数据为：

38 49 65 76 97

7.4.3　多维数组名作为函数参数

多维数组作函数参数的方式与一维数组相似，也存在两种形式：①数组元素作函数实参，形参为普通变量，是传值调用；②多维数组名作函数实参，多维数组做函数形参，是传址调用。当多维数组作形参时，数组第一维的大小可以省略，但其它维的大小不能省略。例如：二维数组做形参时，int a[][4] 或者 int a[8][4] 都正确；int a[8][] 或者 int int a[][] 都不正确。

【例 7.7】编写程序，完成扫雷游戏中的布雷图。

程序分析：扫雷游戏中的雷区图由若干格组成，格中的信息分两种情况：①雷，本程序中用-1 表示雷。②普通数字，非雷格中的数字表示此格四周共有多少颗雷。因此，

102

生成布雷图时只需先将雷区初始化为 0，然后随机生成若干个雷，每生成一个雷，要将雷所在格的四周格中的数字在原基础上加 1。

```c
#include <stdio.h>
#include <time.h>
#include <stdlib.h>
#define N 9
void setmine(int mine[][N], int minecount)
{                                    //mine 为表示雷区的二维数组，minecount 表示要生成
                                     //雷的个数
    int i, j, count=0;
    srand((unsigned)time(0));
    while(count<minecount)
    {
        i=rand()%N;                  //随机生成一个雷的行列坐标
        j=rand()%N;
        if (mine[i][j]!=-1)          //如果此处不是雷
        {
            count++;
            mine[i][j]=-1;           //当前格设置雷
                                     //当前格的四周相邻格如果不是雷则需要将其值加1
            if (i>0)
            {
                if (mine[i-1][j]!=-1)  mine[i-1][j]++; //上方格
                if (j>0&&mine[i-1][j-1]!=-1)
                    mine[i-1][j-1]++;                  //上左方格
                if (j<N-1&&mine[i-1][j+1]!=-1)
                    mine[i-1][j+1]++;                  //上右方格
            }
            if (i<N-1)
            {
                if (mine[i+1][j]!=-1)  mine[i+1][j]++; //下方格
                if (j>0&&mine[i+1][j-1]!=-1)
                    mine[i+1][j-1]++;                  //下左方格
                if (j<N-1&&mine[i+1][j+1]!=-1)
                    mine[i+1][j+1]++;                  //下右方格
            }
            if (j>0&&mine[i][j-1]!=-1)
                    mine[i][j-1]++;                    //左方格
            if (j<N-1&&mine[i][j+1]!=-1)
```

```
                    mine[i][j+1]++;              //右方格
        }
    }
}

void main()
{
    int mine[N][N]={0}, i, j;                    //注意布雷前将雷区都初始化为 0
    setmine(mine, 10);                           //设置雷区
    for(i=0;i<N;i++)                             //输出雷区
    {
        for(j=0;j<N;j++)
            printf("%3d", mine[i][j]);
        printf("\n");
    }
}
```

7.5　递归函数

　　一个函数在它的函数体内直接或间接的调用它自身称为递归调用，这样的函数称为递归函数。如果一个函数在其函数体内直接调用自身，则称该函数为直接递归函数；如果一个函数在其函数体内调用了其它函数，其它函数又调用了该函数，则称该函数为间接递归函数。

　　递归算法的实质是将一个问题一分为二，其中一部分是已知的，另一部分是未知的，但仍然可以按照类似的方式一分为二。按照这一原则分解下去，直到某个子问题两部分都是已知的，再按照刚才分解的逆过程逐步合二为一，则找到了该问题的解，这种是有限的递归调用。如果问题一直按照一分为二的原则分解下去，始终没有找到某个未知子问题能够分解成都是已知的两部分，则是无限的递归调用。无限递归调用对于程序设计没有实际意义。

　　因此，递归调用可以分为两个阶段：

　　(1) 一分为二阶段。将问题分解为已知和未知两部分，逐步分解，最终达到某个子问题能分解成都是已知的两部分。例如，求 5!，可以如图 7.4 所示进行分解。

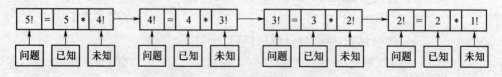

图 7.4　一分为二阶段分解示意图

　　(2) 合二为一阶段。从分解成都是已知两部分的问题出发，按照分解的逆过程，逐渐合二为一，最终达到最原始问题处，即完成了递归调用过程，如图 7.5 所示。

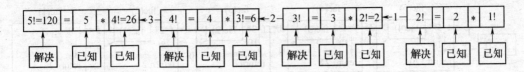

图 7.5 合二为一阶段回归示意图

因此，设计递归调用程序时，要将函数的功能语句分为两类：①将问题分解为已知和未知两部分的语句；②终止递归的已知条件语句。

例如，n!可以用如下公式表示：

$$n! = \begin{cases} 1 & n = 0, 1 \\ n*(n-1)! & n > 1 \end{cases}$$

其中，n>1 时的 n*(n-1)!则属于第一类，n=0 或 1 时的公式 1 则属于第二类。

【例 7.8】编写递归函数，计算 n!。

```c
#include <stdio.h>
long fac(int n)
{
  long f;
  if(n==0||n==1)           //终止递归的已知条件语句
      f=1;
  else                     //问题分解为已知和未知两部分的语句
      f=n*fac(n-1);
  return  f ;
}
main()
{
  int n;
  long y;
  printf("\ninput a inteager number:\n");
  scanf("%d", &n);
  if (n<0)
     printf("n<0, input error");
  else
  {
     y=fac(n);              //利用递归函数求 n!
     printf("%d!=%ld", n, y);
  }
}
```

以 n=5 为例，函数 fac 的执行过程如图 7.6 所示。

105

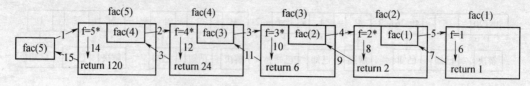

图 7.6 递归函数 fac(5)的执行过程示意图

首先执行 fac(5)函数，执行到语句 f=5*fac(4);时，暂停 fac(5)的执行转到 fac(4)继续执行；执行到 fac(4)函数中的语句 f=4*fac(3);时，暂停 fac(4)的执行转到 fac(3)继续执行；依此类推。

当执行到 fac(1)函数时，f 得到了已知值 1，return 语句结束 fac(1)的执行，并将 1 返回到 fac(1)的主调函数 fac(2)中继续执行；fac(2)中 f 得到已知值 2，继续执行遇到 return 语句结束 fac(2)的执行，并将 2 返回到 fac(2)的主调函数 fac(3)中。依此类推，最终得到 fac(5)返回的函数值为 120。

7.6 变量的作用域

变量可以从不同的角度进行分类，按变量作用域可以分为局部变量和全局变量。作用域是指变量的有效范围，即可以使用的范围。局部变量是指在一个函数内部定义的变量，其作用域为从块中的声明语句开始，到块结束的右大括号为止，简称为块作用域。全局变量是指在所有函数之外定义的变量，作用域为从声明语句开始，到文件结束，简称文件作用域。在同一个作用域中，不允许有定义同名变量，而在不同的作用域中，允许定义同名变量。

7.6.1 局部变量

局部变量也称为内部变量，是指在一个函数内部定义的变量，其作用域为从块中的声明语句开始，到块结束的右大括号为止。所谓块，就是程序中一对相应的大括号括起来的一组语句。在局部变量的作用域之外使用该变量则是非法的，会出现"undeclared identifier"的错误提示信息。例如：

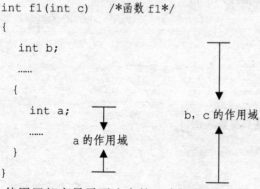

```
int f1(int c)    /*函数 f1*/
{
  int b;
  ……
  {
    int a;
    ……
  }
}
```

a 的作用域

b, c 的作用域

使用局部变量需要注意的几个问题：

(1) main 函数中定义的变量也是局部变量，只能在其定义的块内使用。main 函数不

106

能使用其它函数中的局部变量，其它函数也不能使用 main 函数中定义的变量。因为 main 函数也是一个函数，它与其它函数是平行关系。

(2) 形参变量是属于被调函数的局部变量，其作用域为函数中最大的块——整个函数体；实参变量是属于主调函数的局部变量。

(3) 在不同的作用域内允许使用同一变量名。它们代表不同的对象，分配不同的内存单元，互不干扰。但注意，同一作用域内不能定义同名变量。

(4) 如果在两个或多个具有包含关系的作用域中声明了同名变量，则遵循"外部变量在内部不可见"的原则。如例 7.9 所示。

【例 7.9】"外部变量在内部不可见"原则示例程序。

```c
#include <stdio.h>
void main()
{
int i;
i=0;
 {
  int a, i;
  a=1;
  i=2;
  printf ("\na=%d , i in inner is %d",a, i);
 }
 // printf("\na=%d, i=%d", a, i); 此处如果使用 a 将得到错误提示
 printf("\ni in outer is %d", i);
}
```

a 与内部 i 的作用域

外部 i 的作用域

程序运行结果为：

```
a=1 , i in inner is 2
i in outer is 0
```

在本例中，定义了两个 i，由于它们具有不同的作用域，所以编译系统会为它们分配不同的内存单元。在内部 i 的作用域内，外部 i 就会被屏蔽掉，因此引用的是内部 i 的值。而在内部 i 的作用域外，内部 i 根本不存在，所以引用的是外部 i 的值。

7.6.2 全局变量

全局变量也称为外部变量，是在所有函数之外定义的变量，其作用域为从声明语句开始，到文件结束。但由于全局变量具有静态生存期，即全局变量生存期与程序的运行期相同。因此，C 语言规定，在一个全局变量定义位置之前或同一工程中的其它源文件中都可以使用该全局变量，但需要在第一个使用语句前用 extern 关键字进行声明，表示此变量在本源文件的后面或其它的源文件中已经定义。

extern 关键字声明外部变量的格式为：

extern「数据类型」变量名列表

注意：声明格式中的数据类型可以省略。另外，全局变量一般用大写字母表示，以

示与局部变量的区别。

【例 7.10】 全局变量使用示例

程序分析：本例由 7_10_1.c 和 7_10_2.c 两个源文件构成，主要演示全局变量的使用方法。读者需特别注意全局变量 X 和 Y 的定义位置。

源文件 7_10_1.c 中的内容为：

```
int X;                          //定义全局变量 X
void main()
{int sum(int, int);             //函数原型声明
 int sub();                     //函数原型声明
 extern Y;                      //全局变量 Y 的定义在后面，此处在 Y 的作用域外，使用
                                //  前需先声明
 X=10; Y=20;                    //此处在全局变量 X 的作用域内，因此不需声明
 printf("\n%d, %d", sum(X, Y), sub());
 }
int sum(int a, int b)
{
 int X;                         //与全局变量同名，同样遵循"外部变量在内部不可见"的
                                //  原则
 X=a+b;
 return X;
}
int Y;                          //定义全局变量 Y
```

源文件 7_10_2.c 中的内容为：

```
extern X, Y;                    //X 和 Y 的定义在另一源文件中，此处在其作用域，使用
                                //  前需先声明
int sub()
{
 return(X-Y);
}
```

说明：

(1) 全局变量在整个程序运行期间都占用内存空间，可用于加强函数模块之间的数据联系，但又会增加函数对这些变量的依赖性，使函数的独立性降低。同时，全局变量的值有可能会被意外改变，由此引发的逻辑错误很难查找，因此尽量避免使用全局变量。

(2) 在同一源文件中，全局变量和局部变量如果同名，仍然遵循"外部变量在内部不可见"的原则，即在局部变量的作用域内，全局变量不起作用。

(3) 如果工程由多个源程序文件组成，若在不同的源文件中定义同名全局变量，虽然它们属于不同的作用域，但链接时仍然会产生"* already defined in *.obj"的错误信息。因此，最有效的方法是在一个工程的一个源程序文件中定义所有全局变量，如果其它源文件中要用全局变量，只需用 extern 声明一下即可。

7.7 变量的存储类型

前面已经多次定义过变量，变量定义的完整格式为：

「存储类型」数据类型 变量名列表

其中，存储类型是可选项，用来说明变量的存储类型。在 C 语言中，用于说明存储类型
的关键字有 auto(自动类型)、static(静态类型)和 register(奇存器类型)。

变量的生存期指从为一个变量分配内存单元到释放内存单元的这段时间。在生存期
内变量将一直保持正的值不变，直到被更新为止。变量的生存期可以分为静态生存期和
动态生存期。静态生存期是指变量的生存期与程序的运行期相同，只要程序一运行，就
为该变量分配内存空间，直到程序运行结束，才释放该变量所占内存空间。动态生存期
是指程序运行到块中变量定义语句时为该变量分配内存空间，到块结束时立即释放该变
量所占内存空间。所以，具有动态生存期的变量如果其定义语句执行到 2 次，则会 2 次
为其分配和释放内存空间，并且两次分配的内存单元并不一定是同一段内存单元。

在 C 语言中，存放数据的内存可以分为全局/静态存储区、栈区、常量区和自由存储
区。具有静态生存期的变量被分配在全局/静态存储区，如果定义语句没赋初始值，则自
动初始化为 0；具有动态生存期的变量被分配在栈区，如果定义语句没赋初值，则不自
动进行初始化；常量被分配在常量区；而自由存储区是由将在第 9 章介绍的 malloc、free
等函数申请、释放的内存空间。不同存储类型的变量被分配在不同的内存区域，具有不
同的生存期。

7.7.1 自动变量

自动变量的类型关键字为 auto，是省略存储类型时的默认值。自动变量按其定义的
所在位置分为全局自动变量和局部自动变量，简称全局变量和局部变量。

(1) 全局变量和 7.6.2 节中的全局变量一致，被分配在全局/静态存储区，具有静态生
存期和文件作用域。

(2) 局部变量和 7.6.1 节中的局部变量一致，被分配在栈区，具有动态生存期和块作
用域。

【例 7.11】局部变量示例。

```c
#include <stdio.h>
int fun(int x)                    //局部变量、形参 x
{
    int y=0;                      //局部变量 y
    y=y+x;
    return(y);
}
void main()
{
    int i=0;
```

```
for(i=1;i<=2;i++)
    printf("%d\n", fun(i));        //两次调用函数
}
```

本例中，main 函数 2 次调用 fun 函数，其执行过程为：

(1) 第 1 次执行 fun 函数：为形参 x 分配内存单元并赋初值为实参值 1；为 y 分配内存单元，赋初值 0；函数执行完毕后，释放 x(值为 1)、y(值为 1)所占内存单元。

(2) 第 2 次执行 fun 函数：再次为形参 x 分配内存单元并赋初值为实参值 2；为 y 分配内存单元，赋初值 0；函数执行完毕后，释放 x(值为 2)、y(值为 0)所占内存单元。

因此，程序运行结果为：

1

2

7.7.2 静态变量

静态变量的类型关键字为 static，同样，按其定义的所在位置分为全局静态变量和局部静态变量。全局静态变量和局部静态变量的相同点是：都被分配在全局/静态存储区，具有静态生存期；不同点是：全局静态变量具有文件作用域，而局部静态变量具有块作用域。

1. 全局静态变量

全局静态变量和全局自动变量都被分配在全局/静态存储区，具有静态生存期，具有文件作用域，两者唯一不同之处是全局静态变量不允许在其它源文件中通过 extern 关键字使用该变量。即全局自动变量在其作用域之外仍然可以通过使用 extern 关键字的方式使用该变量，这里的作用域之外表示本源文件的变量定义之前及其它源文件中。但全局静态变量将使用范围限定到了本源文件中，即可以在本源文件的作用域之外通过 extern 关键字使用该变量，但不允许在其它文件中使用该变量。

例如，在例 7.10 的 7_10_1.c 中将 Y 的定义静态全局变量，则会出现提示信息为 "unresolved external symbol _Y"链接错误。即在 7_10_2.c 无法再使用 Y。

2. 局部静态变量

局部静态变量和局部自动变量都具有块作用域，不同之处是局部自动变量分配在栈区，具有动态生存期，而局部静态变量分配在全局/静态存储区，具有静态生存期。

例如，将例 7.11 中的"int y=0;"修改为"static int y=0;"，则 2 次调用 fun 函数的执行过程为：

(1) 程序一运行就为静态变量 y 分配内存单元并赋初值为 0。

(2) 第 1 次执行 fun 函数：为形参 x 分配内存单元并赋初值为实参值 1；函数执行完毕后，释放 x(值为 1)所占内存单元，y 的值修改为 1。

(3) 第 2 次执行 fun 函数：为形参 x 分配内存单元并赋初值为实参值 2；函数执行完毕后，释放 x(值为 2)所占内存单元，y 的值修改为 3。

(4) 程序执行完毕，释放 y 所占内单元。

因此，程序运行结果为：

1

3

注意：

(1) 虽然局部静态变量在整个程序运行期间都存在，并一直保持其值直到被改变为止。但它仍然具有块作用域，在其作用域之外是无法使用的。

(2) 如果不给局部静态变量赋初值，则其值自动初始化为 0；如果不给局部自动变量赋初值，则其值为随机数。

7.7.3 寄存器变量

寄存器变量的类型关键字为 register，该类型的变量被分配在寄存器中。寄存器变量只能定义局部寄存器变量，与局部自动变量一样，具有动态生存期和块作用域；不同之处是存储在寄存器中。

寄存器变量的存取速度比较快，因为它是直接读取寄存器，不需要访问内存。但寄存器的数目非常有限，一般仅允许定义两个寄存器变量。因此，要尽量缩短寄存器变量的生存期。

【例 7.12】编写函数，求 1～100 的和。

```
#include <stdio.h>
int sum(int a, int b)
{
    register i, s=0;                //声明寄存器变量 i 和 s
    for(i=1;i<=100;i++)
        s=s+i;
        return (s);
}
void main()
{
        printf("s=%d\n", sum(1, 100));
}
```

本程序中的循环执行 100 次，i 和 s 都会频繁使用，因此定义为寄存器变量较为合适。

7.7.4 变量汇总

为了便于读者比较记忆，表 7.1 汇总了主要变量的属性。

表 7.1　主要变量属性

变 量	作用域	生存期	所在存储区	是否自动初始化	是否支持 extern
全局变量	文件作用域	静态生存期	全局/静态存储区	自动初始化为 0	支持
局部变量	块作用域	动态生存期	栈区	不自动初始化	不支持
全局静态变量	文件作用域	静态生存期	全局/静态存储区	自动初始化为 0	本源文件中支持
局部静态变量	块作用域	静态生存期	全局/静态存储区	自动初始化为 0	不支持
寄存器变量	块作用域	动态生存期	寄存器	不自动初始化	不支持

(1) 具有静态生存期的全局变量、全局静态变量、局部静态变量被分配在全局/静态存储区，如果不赋初值，则会自动初始化为 0。

(2) 局部变量、局部静态变量、寄存器变量都具有块作用域。

(3) 只有全局变量在本源文件和其它文件中都支持 extern 关键字。全局静态变量只支持本源文件中的 extern 关键字。

7.8 典型例题

【例 7.13】阅读下面程序并写出运行后的输出结果_____。

```
#include <stdio.h>
int f(int n)
{if (n==1) return 1;
else return f(n-1)+1;
}
main()
{int i, j=0;
for(i=1;i<3;i++) j+=f(i);
printf("%d\n", j);
}
```

程序分析：函数 f 是一个递归函数，其功能是求 n 个 1 的和，即返回值为 n，因此 main 函数中 for 循环实际上是求 1～2 的和，所以输出结果为 3。

【例 7.14】编写函数实现求 N×N 矩阵中两条对角线上元素之和。

程序分析：一个 N×N 矩阵 A 具有两条对角线，如果 N 为奇数，则对角线的交界点为数据 A[N/2][N/2]，如果每条对角线上的所有数据都参与相加，则交界点的数据会相加 2 次；如果 N 为偶数，则对角线的交界点没有数据重合，只要每条对角线上的所有数据都参与相加即可。两条对角线上的数据在矩阵的每行都有，位置分别为数据 A[i][i] 和 A[i][n-i-1]。

```
#define N 7                    //N 为矩阵对大行数
int fun(int a[][N], int n)     //n 为矩阵的实际行数
{
int sum=0;                     //初始对角线数据之和为 0
for(int i=0;i<n;i++)           //分别对每行中两条对角线上的数据相加
{
    sum+=a[i][i];
    sum+=a[i][n-i-1];
}
if(n/2!=0)                     //如果 n 为奇数，则将交界点数据减去一次
    sum-=a[n/2][n/2];
return sum;
}
```

【例 7.15】编写函数将字符串形式存储的正整数转换为数字。如字符串"7349"转换为正整数 7349。

程序分析：将字符串正整数转换为整数时，首先要将数字字符转换为数字，方法是将数字字符的 ASCII 码值与字符 0 的 ASCII 值相减即可，如将字符 4 转换为数值 4，方法为'4'-'0'，便得到数值 4。另外，转换时，只要从高位依次将字符串整数的数字字符进行转换为数值，并与已经转换好的前几位数据乘以 10 后的数据相加。

```
int Dconvert(char a[])
{
  int s=0, i=0;
  while (a[i]!='\0')
   {
      s=s*10+a[i]-'0';    //与已经转换好的前几位数据乘以 10 后的数据相加
      i++;
   }
  return s;               //返回转换后的整数
}
```

【例 7.16】编写函数实现将一个十进制数转换为十六进制数。

程序分析：十六进制中高于 10 的数字都为字母，所以，转换时需要将转换后的十六进制数据所有数位上的值都以字符形式存储，如果转换后的数位上的值 n<10，转换方式为 n+'0'，将数值 n 转换为相应的字符 n，如果转换后的数位上的值 n≥10，转换方式为 n-10+'A'，将数值 n 转换为相应的从 A 到 F 的字符。转换后为逆序存放的十六进制数字符串，需要编写另外一个字符串逆转程序，编写原理与整数逆置相同。

```
#include <stdio.h>
#include <string.h>
void reverse( char b[])         //字符串逆转函数
{
  int i, n;
  char t;                       //i 为循环变量，t 为交换数据时的临时空间
  n=strlen(b);                  //求字符串长度，strlen 函数包含在 string.h 头函数中

  for (i=0;i<n/2;i++)           //实施交换
   {
      t=b[i];
      b[i]=b[n-i-1];
      b[n-i-1]=t;
   }
}
void  DtoH(int n , char c[]) //将十进制数转换为十六进制数
{
```

```
    int m, k, i=0;
    m=n;
    while(m>0)                      //将十进制数转换为逆序存放的十六进制数
    {
    k=m%16;
    m=m/16;
    if (k<10)
        c[i++]=k+'0';              //转换后的数位值小于10
    else
        c[i++]=k-10+'A';           //转换后的数位值大于等于10
    }
    c[i]='\0';                     //字符串结束标志
    reverse(c);                    //逆转字符串
}
```

【例 7.17】编写一个递归函数实现 Fibonacci 数列。

无穷数 1，1，2，3，5，8，13，21，34，…，称为 Fibonacci 数列。它的递归定义为

$$F(n) = \begin{cases} 1 & n = 0 \\ 1 & n = 1 \\ F(n-1) + F(n-2) & n > 1 \end{cases}$$

```
int fibo(int n)
{
    if(n<=1) return 1;
    return fibo(n-1)+fibo(n-2);
}
```

习　题

一、选择题

1. c 语言中函数返回值的类型是(　　)。

    A. return 语句中的表达式类型　　　　B. 调用函数的类型

    C. 总是 int 型　　　　　　　　　　　D. 定义函数时所指定的函数类型

2. 凡是在函数中未指定存储类别的变量，其隐含的存储类别是 (　　)。

    A. 自动　　　　　　B. 静态　　　　　　C. 外部　　　　　　D. 寄存器

3. 以下所列的各函数首部中，正确的是(　　)。

    A. void play(var :Integer，var b:Integer)

    B. void play(int a，b)

    C. void play(int a，int b)

D. Sub play(a as integer, b as integer)

4. 当调用函数时，实参是一个数组名，则向函数传送的是(   )。

    A. 数组的长度   B. 数组的首地址

    C. 数组每一个元素的地址   D. 数组每个元素中的值

5. 以下只有在使用时才为该类型变量分配内存的存储类说明是(   )。

    A. auto 和 static   B. auto 和 register

    C. register 和 static   D. extern 和 register

6. C 语言中，函数值类型的定义可以默认，此时函数值的隐含类型是(   )。

    A. void   B. int   C. float   D. double

7. 在一个 C 语言程序中，(   )。

    A. main 函数必须出现在所有函数之前

    B. main 函数可以在任何地方出现

    C. main 函数必须出现在所有函数之后

    D. main 函数必须出现在固定位置

8. 以下叙述中正确的是(   )。

    A. 全局变量的作用域一定比局部变量的作用域范围大

    B. 静态(static)类别变量的生存期贯穿于整个程序的运行期间

    C. 函数的形参都属于全局变量

    D. 未在定义语句中赋初值的 auto 变量和 static 变量的初值都是随机值

9. 若已定义的函数有返回值，则以下关于该函数调用的叙述中错误的是(   )。

    A. 函数调用可以作为独立的语句存在

    B. 函数调用可以作为一个函数的实参

    C. 函数调用可以出现在表达式中

    D. 函数调用可以作为一个函数的形参

10. 有以下函数定义：

```
void fun(int n, double x)
{ ... }
```

若以下选项中的变量都已正确定义并赋值，则对函数 fun 的正确调用语句是(   )。

    A. fun(int y, double m);   B.k=fun(10, 12.5);

    C. fun(x, n);   D.void fun(n, x);

二、填空题

1.
```
int func(int a, int b)
{
return(a+b);
}
main()
{
  int x=2, y=5, z=8, r;
  r=func(func(x, y), z);
```

```
        printf("%d\n", r);
    }
```

该程序的输出结果是＿＿＿＿＿＿＿＿＿。

2. 执行以下程序，当输入"I AM a Student"时，输出结果是＿＿＿＿＿。

```
char  f(char *ch)
{ if(*ch>='A'&& *ch<='Z')    *ch- ='A'-'a';
  return *ch;}
main()
{ char s[80], *p=s;
  gets(s);
  while(*p!='\0')
{ *p=f(p);putchar(*p);p++;}}
```

3. 以下函数 findmin 返回数组 s 中最小元素的下标，元素个数由参数 t 传入，请填空。

```
int  findmin(int s[], int  t)
{ int  i, p;
  for(p=0, i=0; _____;i++)
     if(s[p]>s[i])_____;
  return_____ ;
}
```

4.
```
void sort(int a[], int n)
{int i, j, t;
for(i=0;i<n-1;i++)
for(j=i+1;j<n;j++)
if(a[i]<a[j]) {t=a[i];a[i]=a[j];a[j]=t;}
}
main()
{int aa[10]={1, 2, 3, 4, 5, 6, 7, 8, 9, 10}, i;
sort(&aa[3], 5);
for(i=0;i<10;i++) printf("%d, ", aa[i]);
printf("\n");
}
```

程序运行后的输出结果是＿＿＿＿＿＿。

5. 有以下程序

```
int fa(int x)
{return x*x; }
int fb(int x)
{return x*x*x; }
int f(int (*f1)(), int (*f2)(), int x)
```

```
{return f2(x)-f1(x); }
main()
{int i;
i=f(fa, fb, 2); printf("%d\n", i);
}
```

程序运行后的输出结果是_____。

6. 以下函数的功能是计算 s=1+1/2!+1/3!+…+1/n!，请填空。

```
double fun(int n)
{double s=0.0, fac=1.0; int i;
for(i=1;i<=n;i++)
{fac=fac _____ ;
s=s+fac;
}
return s;
}
```

7. fun 函数的功能是：首先对 a 所指的 N 行 N 列的矩阵，找出各行中最大的数，再求这 N 个最大值中最小的那个数作为函数值返回。请填空。

```
#include <stdio.h>
#define N 100
int fun(int (*a)[N])
{int row, col, max, min;
for(row=0;row<N;row++)
{for(max=a[row][0], col=1;col<N;col++)
if(_____) max=a[row][col];
if(row==0) min=max;
else if(_____ ) min=max;
}
return min;
}
```

8. 函数 sstrcmp()的功能是对两个字符串进行比较。当 s 所指字符串和 t 所指字符相等时，返回值为 0；当 s 所指字符串大于 t 所指字符串时，返回值大于 0；当 s 所指字符串小于 t 所指字符串时，返回值小于 0(功能等同于库函数 strcmp())。请填空。

```
#include <stdio.h>
int sstrcmp(char *s, char *t)
{while(*s&&*t&&*s== _____ )
{s++;t++; }
return _____ ;
}
```

9. 下面程序的运行结果是：_____

117

```
int f( int a[], int n)
{ if(n>1) return a[0]+f(&a[1], n-1);
else return a[0];
}
main ( )
{ int aa[3]={1, 2, 3}, s;
s=f(&aa[0], 3); printf("%d\n", s);
}
```

三、编程题

1. 编写函数完成求一个正整数的 n 次方。

2. 编写函数实现在一个有序的整数数组中插入一个整数，并使插入后的数据仍然有序。

3. 编写函数实现在一个字符串中查询是否存在另外一个字符串，如果存在返回子串在父串中的位置，否则返回-1。

4. 编写函数实现在一个字符串中删除第 n 个字符。

5. 编写函数实现将两个字符串连接。

6. 编写函数实现将一个正整数中的各个数字以字符形式存放于一个数组中。如正整数 7349，将数字 7，3，4，9 存到数组 C[ ]中。

7. 编写一个函数求给定字符串长度。

8. 编写一个函数将给定字符串中的大写字母转换成小写字母。

9. 编写一函数，统计字符串中字母、数字、空格和其它字符的个数。

10. 编写一个子函数，求两个正整数的最大公约数。

11. 编写函数实现将一个十进制数转换为八进制数。

12. 用递归方法求 n 阶勒让德多项式的值，递归公式为：

$$p_n(x) = \begin{cases} 1 & n = 0 \\ x & n = 1 \\ ((2n-1) \cdot x - p_{n-1}(x) - (n-1) * p_{n-2}(x))/n & n \geq 1 \end{cases}$$

第 8 章 指 针

指针是 C 语言中广泛使用的一种数据类型，是 C 语言的精华所在。利用指针不但可以有效表示各种数据结构，方便地使用数组和字符串，而且能很简洁地实现函数间各类数据的传递等，从而编写出精练而高效的程序，极大地丰富了 C 语言的功能。同时，由于指针概念较复杂，使用较灵活，初学者常感到较难理解，因此在今后的学习中除了要正确理解指针的基本概念及其使用规律外，还必须要多思考、多编程，多上机调试程序来巩固理解指针概念。

本章主要介绍指针的基本概念、定义、初始化及基本运算，指针与数组的关系以及指针在函数中的应用。

8.1 指针与指针变量

8.1.1 指针的基本概念

一般把内存中的一个字节称为一个内存单元，内存单元编号从 0 开始，各单元按顺序连续编号，这些单元编号称为内存单元的地址。利用地址就可以使用相应的内存单元。在 C 语言程序中，若定义了一个变量，在编译时会根据变量类型的不同，为其分配一定字节数的内存，如整型占 4 个字节，字符型占 1 个字节等，变量的地址为所分配内存的首地址。设在函数内部有如下变量定义：

```
int a=10,b=20;
float c=30;
```

则给整型变量 a、b 和 c 各分配 4 个字节的内存单元，其分配情况如图 8.1 所示。3000 为变量 c 所分配内存的首地址。

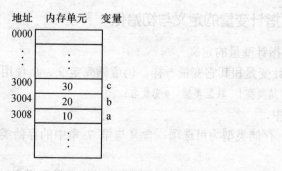

图 8.1 内存单元空间分配示意图

119

在高级语言中，地址一般被形象地称为指针。内存单元的指针是指内存单元的地址，而内存单元的值是指内存单元中存放的数据，两者是完全不同的概念，请注意区分。在C语言中，专门用来存放指针的变量称为指针变量。例如，为指针变量 pa 分配的内存单元中存放着变量 a 的首地址 3008，如图 8.2(a)所示。这样，指针变量 pa 和变量 a 之间就建立起了一种指向关系，即 pa 是指向变量 a 的指针变量。读者不必关心 pa 和 a 在内存中究竟如何分配，只需关注两者之间的逻辑指向关系即可，如图 8.2(b)所示。

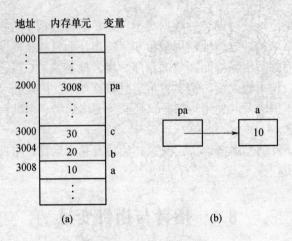

图 8.2　指针变量示意图

(a) 指针变量内存单元物理分配示意图；(b) pa 与 a 的逻辑关系示意图。

请注意区分指针与指针变量之间的区别。指针就是地址，是常量；指针变量是变量，变量中存放的值是一个指针。但为了简便，指针变量常简称为指针，因此需要根据上下文确定指针是指针变量还是地址。

因此，在 C 语言中，存取变量值的方法有直接和间接存取两种方式。

(1) 直接存取方式：指在程序中直接使用变量名对内存单元进行存取，如图 8.1 所示，变量 a 所占内存单元的地址是 3008，直接使用变量名 a 便可对这段内存单元进行存取。

(2) 间接存取方式：将一个变量的地址存放在一个指针变量中。如图 8.2 所示，如果要对变量 a 所占内存进行存取，不是通过变量名 a 直接存取，而是先从指针变量 pa 中取出地址 3008，然后对以 3008 为首地址的内存进行存取。

8.1.2　指针变量的定义与初始化

1. 指针变量的定义

指针变量和其它变量一样，仍遵循先定义、后使用的原则。定义的一般形式为：

「存储类型」　数据类型　*变量名；

其中，

(1) 存储类型为可选项，含义与第 7 章中的存储类型相同，是指指针变量本身的存储类型。

(2) "*"是指针说明符，表明其后的变量名为指针变量。

(3) 数据类型是指该指针变量所指向变量的数据类型，称为指针变量的基类型。在

120

VC++ 6.0 中，所有指针本身的类型均默认为 unsigned long int 型。

例如：

```
int a=6,*pa;
```

表示定义了一个整型变量 a 和一个指针变量 pa。注意，指针变量名是 pa，不是*pa。

2. 相关运算符

在 C 语言中有两个与指针变量密切相关的运算符："&"和"*"。

(1) "&" 是取地址运算符，其功能是取变量的地址。例如：

```
pa=&a;
```

其功能是将变量 a 的地址赋给指针变量 pa，即建立起了指针变量 pa 与变量 a 之间的逻辑关系，如图 8.3 所示。

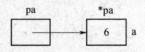

图 8.3 指针运算示意图

(2) "*" 是指针运算符，也称为间接运算符，表示指针变量所指向的内存单元。例如：

```
*pa=3;
```

其功能是将 3 存入到 pa 所指向的内存单元(即 a)中，与语句 "a=3;" 的功能相同。

注意：定义语句与执行语句中的 "*" 运算符的含义是不同的。例如，定义语句 "int a=6,*pa;" 中的 "*" 只表示其后的变量为指针变量；而执行语句 "*pa=3;" 中的 "*" 是指针运算符，"*pa" 表示 pa 所指向的内存单元。

3. 指针变量的初始化

指针变量定义的同时赋初值，称为指针变量的初始化。例如：

```
int a=6;          //定义一个整型变量
int *pa=&a;       //在定义 pa 的同时对它赋初值，使指针变量 pa 指向变量 a
int *pb=pa;       //在定义 pb 的同时对它赋初值，使指针变量 pa 和 pb 都指向变量 a
```

以上三条语句执行后，变量 a、pa、pb 之间的逻辑关系如图 8.4 所示。此时，a、*pa 和*pb 指同一段内存单元。

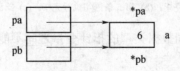

图 8.4 指针运算示意图

8.1.3 指针变量的基本运算

1. 指针变量的赋值

指针变量和其它变量一样，在程序运行过程中其值是可以改变的。但指针变量在使用前必须赋值，以保证应用程序对通过该指针间接访问的内存单元确实具有存取权，否则会导致程序运行时错误，甚至造成死机。同时需注意，只能将地址赋给指针变量，而不能是任何其它数据，否则将引起语法错误。

(1) 将变量地址赋给指针变量。例如：

```
int a;
int *pa;
pa=&a;                  //使用赋值语句使指针变量 pa 指向了变量 a
```

也可以建立起如图 8.3 所示的指针变量 pa 与变量 a 之间的逻辑关系。

但需要特别注意，不能将一个常量赋给指针变量，因为根本无法保证应用程序对以此常量为首地址的这段内存单元具有存取权。例如，下列语句是错误的。

```
int *pa;
pa=1000;
```

同时，下面语句也是错误的。

```
*pa=&a;
```

*pa 是指以指针变量 pa 中的值为首地址的内存单元，里面存放的应该是 int 类型的数据；而&a 是指变量 a 的首地址，应该赋给指针变量 pa，而不是*pa。

(2) 相同类型指针变量间的赋值。例如：

```
int a=5,*pa,*pb;
pa=&a;
pb=pa;           //使用赋值语句使指针变量 pa 指向了指针变量 pb 所指向的内存单元
```

上述三条语句执行过程中各变量之间的逻辑关系如图 8.5 所示。三条语句执行完毕后，*pa、*pb 和 a 均代表同一段内存单元。

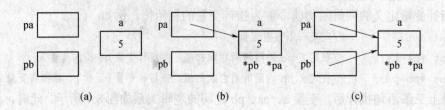

图 8.5　指针变量指向示意图

(a) 第一条语句执行完毕；(b) 第二条语句执行完毕；(c) 第三条语句执行完毕。

需要特别注意的是，不同数据类型的指针变量之间不能赋值，例如：

```
int a=5,*pa;
char *pb;
pb=pa;        //错误，pb 和 pa 不是同一数据类型
```

【例 8.1】指针赋值程序示例。

```
#include <stdio.h>
void main()
{ int a,b;
  int *pa, *pb;                        //定义了两个指针变量 pa 和 pb
```

122

```
    a=20;b=30;
    pa=&a;                                    //使指针变量 pa 指向变量 a
    pb=&b;                                    //使指针变量 pb 指向变量 b
    printf("a+b=%d\n",a+b);
    printf("*pa+*pb=%d\n",*pa+*pb);           //指针引用输出 a 与 b 的和
}
```

程序输出结果为：

a+b=50

*pa+*pb=50

分析以上例子可以看出，间接地址访问符*在不同情形下会有完全不同的含义，如第 4 行的 int *pa,*pb，是指定义了两个指针变量 pa 和 pb，*表示其后的变量是指针；而后面出现的*pa 和*pb 分别代表指针 pa 和 pb 所指向的变量。在本例中，因为 pa 和 pb 分别指向变量 a 和变量 b，所以*pa 和 a 的值一样，*pb 和 b 的值一样。

【例 8.2】输入 a 和 b 两个整数，按先小后大的顺序输出 a 和 b。

```
#include <stdio.h>
void main()
{ int a=10,b=5,t;
  int *pa,*pb;
  pa=&a;pb=&b;                      //*pa 指向 a，pb 指向 b
  if(a>b)
     {t=*pa;*pa=*pb;*pb=t;}         //*交换*pa 和*pb 的值
  printf("a=%d,b=%d\n",a,b);
  printf("min=%d,max=%d\n",*pa,*pb);
}
```

程序输出结果为：

a=5,b=10

min=5,max=10

本程序是通过改变指针 pa 和 pb 所指向变量的值，实现了输出排序问题，但是指针 pa 和 pb 的值没有改变，因为指针 pa 和 pb 分别指向变量 a 和 b，所以*pa 和 a 的值相同，*pb 和 b 的值相同，交换*pa 和*pb 的值，即是交换 a 和 b 的值。

2. 指针的算术运算

指向数组的指针变量可以参与算术运算。例如：

```
int a[10]={0,1,2},*pa=a;
```

则 pa 经常参与 pa+n、pa-n、pa++、++pa、pa--、--pa 运算。

pa+n(pa-n)的含义是把指针变量中的地址值取出来再加(减)上 n 个元素的字节数。例如 pa+2，假设 pa 中的值为 3000(即数组 a 的首地址为 3000)，每个 int 型元素占 4 个字节，则 pa+2 的值为 3000+2*4=3008。

pa++(pa--)的含义是 pa 先参与运算，然后自加(减)1。例如：

```
printf("%d",*pa++);
```

123

先输出指针变量 pa 所指向元素(即 a[0])的值，然后自加 1，即 pa 指向 a[1]。

++pa(--pa)的含义是先自加(减)1，然后参与运算。例如：

```
printf("%d",*++pa);
```

指针变量 pa 先加加 1，即指向 a[1]，然后输出 pa 所指向元素(即 a[1])的值。

注意：*pa++ 等价于*(pa++)，请注意与(*pa)++的区别。(*pa)++的含义是取出 pa 所指向元素的值，然后该元素的值加 1。

3. 指针变量之间的关系运算

指向同一数组的两个指针变量之间进行关系运算可以表示它们所指向元素之间的地址关系。例如：

```
pa<pb
```

如果指针变量 pa 所指向数组元素在指针变量 pb 所指向元素之前则表达式为真，否则为假。其它关系表达式依此类推。

任何指针变量和 0 或 NULL 做相等或不相等关系运算，其含义是判断指针变量的值是否为空。如果指针变量和非 0 常数比较，或用指向不同数组的指针变量进行比较，则没有任何意义。

8.1.4 二级指针

一级指针变量中存放的是一个普通变量的地址，而二级指针变量中存放的是一个一级指针变量的地址，所以二级指针也称为指向指针的指针。

二级指针变量的定义形式如下：

数据类型　　　**指针变量名

例如：

```
int a=18;
int *pa=&a;
int **ppa=&pa;
```

则表示定义了 3 个变量 a、pa 和 ppa，并分别初始化。一级指针 pa 指向整型变量 a，二级指针 ppa 指向一级指针 pa，如图 8.6 所示。从图 8.6 可看出，由于 pa 指向 a，ppa 指向 pa，所以 a 和*pa、**ppa 代表同一段内存单元，pa、*ppa 代表同一段内存单元。需要注意的是，二级指针 ppa 只能指向一级指针变量，不能指向普通变量。

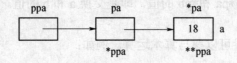

图 8.6　二级指针示意图

【例 8.3】利用二级指针实现两个整数相加。

程序分析：本程序利用二级指针访问整型变量，并采用三种方法输出两个整数的和。

```
#include <stdio.h>
void main()
{
```

```
    int a,b;
    int *pa, *pb;
    int **ppa,**ppb;
    a=10; b=20;
    pa=&a;                                      //指针 pa 指向 a
    pb=&b;                                      //指针 pb 指向 b
    ppa=&pa;                                    //二级指针 ppa 指向指针 pa
    ppb=&pb;                                    //二级指针 ppb 指向指针 pb
    printf("a+b=%d\n",a+b);
    printf("*pa+*pb=%d\n",*pa+*pb);            //一级指针引用输出 a 与 b 的和
    printf("**ppa+**pb=%d\n",**ppa+**ppb);    //二级指针引用输出 a 与 b 的和
}
```

程序输出结果为：

a+b=30

*pa+*pb=30

ppa+pb=30

从此例可以看出，指针运算符*应用于二级指针得到的是指针，再应用一次*才能得到数据单元。

8.2　指针与数组

数组名代表数组所分配内存单元的首地址，即第一个元素的地址，数组元素可以看作一个普通变量，因此可以定义指向数组或某一数组元素的指针变量。

8.2.1　指向一维数组的指针

1. 指向一维数组的指针变量

指向一维数组的指针变量的定义方法与前面介绍的指向普通变量的指针变量的定义方法相同。例如：

```
int a[10]={1,2,3,4,5,6,7,8,9,10};     //定义 a 为包含 10 个整型数据的数组
int *p;                               //定义 p 为指向整型变量的指针
p=a;                                  //将数组 a 的首地址赋给指针变量 p,表示 p 指
                                        向数组 a
```

一维数组 a 的首地址也就是数组元素 a[0]的地址，语句"p=a"等价于"p=&a[0]"，如图 8.7 所示。

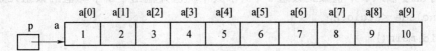

	a[0]	a[1]	a[2]	a[3]	a[4]	a[5]	a[6]	a[7]	a[8]	a[9]
p → a	1	2	3	4	5	6	7	8	9	10

图 8.7　一维数组指针示意图

```
p=&a[4];      //将数组元素 a[4]的首地址赋给指针变量 p,表示 p 指向数组元素 a[4]
```

2. 数组元素的引用

在第 6 章中已经学习了用下标法引用一维数组元素,例如数组 a 中的第 i 个元素可表示为 a[i]。在 C 语言中还提供了另一种引用数组元素的方法:指针法,例如 a[i]表示为 *(a+i)。假设指针变量 p 指向数组 a 的首地址,则 a[i]还可以表示为*(p+i)。因此 a[i]、*(a+i) 和*(p+i)三种形式等价。

假设 p 指向数组 a 的首地址,则 p++表示指针变量 p 使用完毕后指向下一个元素,即 a[1]。所以也可以通过指针的不断移动存取数组元素。但 a++是不合法的,因为数组名 a 是常量,不能被赋值。

下标法形象直观,而指针法能使目标程序占用内存少、运行速度快,用户在使用时可以酌情选用。

【例 8.4】输入 10 个整数到数组 a 中,并采用不同方法输出各元素。

```c
#include <stdio.h>
void main()
{
    int i,a[10],*p;
    printf("输入 10 个数组元素的值:");
    for(i=0;i<=9;i++)
        scanf("%d",&a[i]);
    printf("\n");
    printf("输出 10 个数组元素的值:");
    for(p=a;p<=a+9;p++)            //采用指针变量移动的形式
        printf("%5d",*p);
    printf("\n");
    printf("输出 10 个数组元素的值:");
    p=a;           /*语句特别重要,因为上一个 for 循环执行结束后 p 指针已经指向了数组 a
最后一个元素后面的内存单元,需要重新将指针变量 p 指向数组 a*/
    for(i=0;i<=9;i++)            //采用指针变量
        printf("%5d",p[i]);      //此语句中,p[i]、*(p+i)、a[i]和*(a+i)等价
}
```

程序输出结果为:

```
输入 10 个数组元素的值: 1 2 3 4 5 6 7 8 9 10
输出 10 个数组元素的值: 1 2 3 4 5 6 7 8 9 10
输出 10 个数组元素的值: 1 2 3 4 5 6 7 8 9 10
```

【例 8.5】输入 5 个整数到数组 a 中,求其平均值并输出小于平均值的数组元素的值。

```c
#include <stdio.h>
void main()
{
    int i,a[5],*p;
```

```
   float ave,sum=0;
   printf("输入 5 个数组元素的值：");
   p=a;                              //此语句不可少，它使 p 指向数组 a 的第一个元素
   for(i=0;i<=4;i++)
       scanf(" %d",p++);
   printf(" \n");
   for(p=a;p<=a+4;p++)              //p=a;此语句使 p 重新指向数组 a 的第一个元素
       sum=sum+*p;
   ave=sum/5;
   printf("5 个数组元素的平均值为:%f\n",ave);
   printf("小于平均值的数组元素值为：");
   p=a;
   for(i=0;i<=4;i++)
   {
      if(*p<ave)  printf("%6d",*(p));
      p++;
   }
}
```

程序输出结果为：

输入 5 个数组元素的值:1   2   3   4   5

5 个数组元素的平均值为:3.000000

小于平均值的数组元素值为：   1   2

本例题可利用指针 p 的自加或自减来实现。由于 p 是指向整型的指针变量，循环每执行一次，指针 p++(或 p--)都自加一次(或自减一次)，即下移一个元素位置(或上移一个元素位置)。当第一个 for 循环执行完后，p 指向 a 数组以后的内存单元，若想使指针 p 重新指向 a 数组，则 p=a;语句不可少。另外注意的是，*p++等价于*(p++)，由于++和*优先级相同，结合方向自右而左；*(p++)与*(++p)(或 *(p--)与*(--p))作用不同，后者是先使 p 加1(或 p 减 1)，再利用 p 指向的变量值；(*p)++表示的是将 p 所指向的元素的值加 1。

8.2.2 指向多维数组的指针

本节以指向二维数组的指针变量为例，说明指向多维数组的指针变量的定义与使用。

1. 二维数组和数组元素的地址

在 C 语言中，一维或多维数组都是占用一片连续的内存空间。二维数组在内存中是按照行优先的原则存放的，二维数组实际上是一个一维数组，只不过这个一维数组的每一个元素又是一个一维数组。例如，若有以下定义：

```
int a[3][4]={{1,3,5,7},{9,11,13,15},{17,19,21,23}},*p=a[0];
```

二维数组 a 可由三个元素 a[0]、a[1]、a[2]组成，而 a[0]、a[1]、a[2]每个元素又分别是由4 个整型元素组成的一维数组，如图 8.8 所示。例如 a[0]代表的第 0 行由 4 个元素组成，分别是 a[0][0]、a[0][1]、a[0][2]和 a[0][3]。

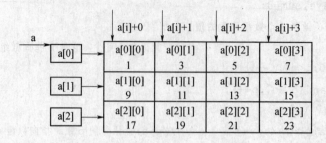

图 8.8 二维数组指针示意图

在 C 语言中，数组名代表数组的首地址。因此，a[0]代表第 0 行的首地址，a[1]代表第 1 行的首地址，a[2]代表第 2 行的首地址。二维数组名 a 的值虽与 a[0]的值相同，但是其基类型为具有 4 个整型元素的一维数组类型，所以二维数组名应理解为一个行指针。即 a+i 的值与 a[i]的值相同，所以，赋值语句 p=a；是不合法的，因为 p 是指向一维数组的指针变量，其基类型是 int 型，而 a 的基类型是一维数组；赋值语句 p=a[i]；是合法的，因为指针变量 p 的基类型与 a[i](0≤i<3)相同。因为 a[i]与*(a+i)等价，故以上赋值语句也可写成 p=*(a+i)；。另外二维数组名 a 也是常量，不能做赋值运算的右值，如 a++和 a=a+i 等运算是不合法的。

二维数组 a 的第 i 行是一个一维数组，其数组名为 a[i]。则 a[i]+j 就是第 i 行第 j 列元素的地址。假设 a 的值为 3000，则 a[i]+j 的值为 3000+(i*4+j)*4。因此，元素 a[i][j]可以表示为*(a[i]+j)，也可以表示为*(*(a+i)+j)。

2. 指向二维数组的指针变量

与二维数组相关的指针变量有两种：一种是指向二维数组元素的指针变量，另一种是指向包含有 m 个元素的一维数组的指针变量。

(1) 指向二维数组元素的指针变量。这种形式的指针变量与普通指针变量的定义形式相同。其基类型需与数组元素值的类型相同。

【例 8.6】输入一个 3 行 3 列矩阵的各个元素的值，计算并输出各元素之和。

```c
#include <stdio.h>
void main()
{
    int i,j,a[3][3],*p;
    long sum=0;
    printf("输入矩阵的各个元素的值:\n");
    p=a[0];
    for(i=0; i<=2; i++)              //每执行一次循环，表达式 p++则使指针 p 指向
                                    //  下一个元素
        for(j=0; j<=2; j++)
        scanf(" %d",p++);
    printf(" \n");
    p=a[0];                         //指针变量指向数组的首地址
```

```
    for(i=0; i<=2; i++)
      for(j=0; j<=2; j++)
        sum=sum+*(p++);                    //求各元素之和
      printf("输出各元素之和为:%6d",sum);
}
```
程序输出结果为:

输入: 1 2 3 4 5 6 7 8 9

输出各元素之和为: 45

【例 8.7】找出二维数组中的最小值,并输出最小值所在的行列号及整个二维数组。

```
#include <stdio.h>
void main()
{
    int i,j,*p,min,h,l;
    int a[3][3]={2,4,6,8,-10,12,14,28,16};
    p=a[0];
    min=*p;                                 //首先定义最小值为数组中第一个元素
    for(i=0; i<=2; i++)
      for(j=0; j<=2; j++)
      { if(min>=*p)
        { min=*p;
        h=i;                                //记录当前最小值元素所在的行
        l=j;                                //记录当前最小值元素所在的列
        }
    p++;                                    //注意此语句位置,在内层循环体中
    }
  p=a[0];                                   //指针 p 指向数组的首地址
  for(i=0; i<=2; i++)                       //输出二维数组
  {
      for(j=0; j<=2; j++)
        printf("a[%d][%d]=%-6d",i,j,*(p++));
      printf(" \n");
  }
    printf("min是:%d  所在行号:%d  所在列号:%d\n",min,h,l);
}
```
程序输出结果为:

```
a[0][0]=2     a[0][1]=4      a[0][2]=6
a[1][0]=8     a[1][1]=-10    a[1][2]=12
a[2][0]=14    a[2][1]=28     a[2][2]=16
min是:-10   所在行号:1    所在列号:1
```

(2) 指向包含 m 个元素的一维数组的指针，可理解为行指针。其定义形式为：

「存储类型」类型说明符 (*指针变量名) [元素个数];

其中，元素个数由所声明指针变量所指向二维数组的第二维长度决定。

例如：

```
int a[3][4];        //二维数组 a 的第二维长度为 4
int (*p)[4];        //定义指针变量 p，指向包含 4 个元素的一维数组
p=a;                //将指针变量 p 指向二维数组 a
```

注意：p 所指的对象是有 4 个元素的一维数组，p 的值是二维数组每行的首地址，而不是二维数组元素的首地址。p+i 等价于 a+i，即二维数组第 i 行的首地址。p++是将指针变量 p 移动到当前行的下一行。例如 p 指向二维数组 a 的第 0 行，则执行 p++后 p 指向 a 的第 1 行。

二维数组的引用方法和一维数组一样，也有两种方法：下标法和指针法。例如 p 指向二维数组 a 的第 0 行，则 p[i][j] (下标法)、*(*(p+i)+j)(指针法)、*(p[i]+j)(下标指针混合法)和(*(p+i))[j](下标指针混合法)四种形式等价。但此时仍需注意，p 是变量，而 a 是常量。

【例 8.8】通过行指针引用二维数组元素的方式实现例 8.7 的功能。

```c
#include <stdio.h>
void main()
{   int i,j,min,h,l;
    int (*p)[3];
    int a[3][3]={2,4,6,8,-10,12,14,28,16};
    p=a;                //p 指向第 0 行
    min=**p;            //将首元素赋给 min,**p 等价于*(*(p+0)+0)和 a[0][0]
    for(i=0; i<=2; i++)
    {
    for(j=0; j<=2; j++)  //移动 p 指针指向二维数组的每一行
        if(min>=*(*p+j))
        {   min=*(*p+j);
            h=i;
            l=j;
        }
        p++;            //注意此语句位置，在内层循环外，外层循环体中
}
    p=a;                //输出二维数组
    for(i=0; i<=2; i++)       //p 指针始终指向二维数组首地址
    {
        for(j=0; j<=2; j++)
            printf("a[%d][%d]=%-6d",i,j,*(*(p+i)+j));
        printf(" \n");
```

```
    }
    printf(" min是:%d  所在行号:%d  所在列号:%d\n",min,h,l);
}
```

此例中定义了一个行指针 p，p++是指 p 移到下一行，语句 p++；放在内层循环外、外层循环体中。而例 8.7 中采用的指针 p 是一个普通指针，p++是指 p 移动到下一个元素，语句 p++；放在内层循环内。请严格区分两者的含义与使用方法。

8.2.3 指向字符串的指针

第 6 章中已讲述，字符串可以存储在数组中。例如：

```
char str1[]="Beijing";
```

说明字符数组 str1 存放了一个字符串"Beijing"。

根据前面所述数组与指针的关系可知，字符串可以用指针表示。指向字符串的指针变量定义形式与指向字符变量的指针变量定义形式相同。例如：

```
char *str2="Hello!";
```

定义了一个指向字符串的指针变量，把字符串的首地址赋给 str2。此语句与下列两条语句等价：

```
char *str2;
str2="Hello!";
```

在 C 语言中，字符串指针的使用方式和字符数组的使用方式相同。例如，对字符串的整体输出可以用语句，如 printf("%s",str2);。其输出过程是从指针 str2 所指示的字符开始逐个输出，直到遇到字符串结束标志'\0'为止。

需要特别注意，语句 char *str2="Hello!";功能是将指针变量 str2 指向被分配在常量区的字符串"Hello!"，这时使用语句 scanf("%s",str2);是不合法的。因为 str2 指向的常量区是不能被改变的。下面语句是合法的：

```
char a[10],*str2=a;
scanf("%s",str2);
```

这时指针变量 str2 指向数组 a，而 a 被分配在变量区，其值可以被改变。

【例 8.9】输出一个字符串中第 n 个字符前的所有字符。

```
#include <stdio.h>
#include <string.h>
void main()
{ char a[]="Welcome to DeZhou!";
  char *p;
  unsigned n;
  scanf("%d",&n);
//逐个输出字符，直到第 n 个或已经到了字符串尾部
  for(p=a; p<=a+(n-2)&&*p!='\0'; p++)  //注意 p 第 n-1 个字符的位置是在 a+(n-2)
      printf("%c",*p);
}
```

程序输出结果为:

输入: 8

输出: Welcome

8.2.4 指针数组

指针数组是指每个元素均为指针类型的数组,其定义的一般形式为:

[存储类型] 数据类型 *数组名[数组长度]

其中数据类型为指针元素所指向变量的类型。例如:

```
int *p[10];
```

定义一个具有 10 个元素的一维数组 p,每个元素均为基类型为 int 的指针变量。

遵照运算符的优先级,一对[ ]的优先级高于*号即*p[10]等价于*(p[10]),请注意和前面指向二维数组的指针(*p)[10]的区别。

【例 8.10】将多个字符串按字典顺序排序后输出。

程序分析:首先建立一个指针数组,让它的每个元素都指向一个字符串,然后通过改变指针指向的方式对多个字符串进行排序。

```c
#include <stdio.h>
#include <string.h>
void f(char *p[],int n)
{
    char *t;
    int i,j;
    for(i=0; i<n-1; i++)                    //用冒泡法对字符串排序
        for(j=i+1; j<n; j++)
            if(strcmp(p[i],p[j])>0)         //比较字符串不能用 p[i]>p[j]
            { t=p[i]; p[i]=p[j]; p[j]=t; }  //交换指针指向
}
int main()
{
    char *str[6]={ "zhang","wang","liu","zhao","qian","song"};
    int i;
    f(str,6);                               //调用函数实现对字符串的排序功能
    printf("the array has been sorted:\n");
    for(i=0; i<6; i++)                      //输出排序后字符串
        printf(" %s ",str[i]);
    return 0;
}
```

排序前、后指针数组各元素的指向关系如图 8.9 所示。

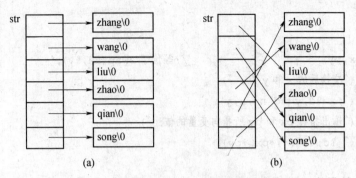

图 8.9 排序前、后数组 str 中各元素指向示意图

(a) 排序前；(b) 排序后。

8.3 指针与函数

8.3.1 指针变量作为函数参数

在第 7 章中已经学习了函数参数传递方式分传值和传址两种。其中，传址方式是通过形参为数组形式、实参为数组名的方式实现。其实，传址方式共有以下四种实现方式：①形参为数组形式、实参为数组名；②形参为指针变量、实参为数组名；③形参为数组形式、实参为指针变量；④形参为指针变量、实参为指针变量。

形参即使写成数组形式，也不会按一个数组为其分配内存空间，而是和指针变量一样，按 unsigned long int 类型为其分配内存单元，因此，形参为数组形式和形参为指针变量实质是一样的，可以统一看成指针变量。

通过第 7 章的学习已经知道，函数实参和形参的个数、数据类型和顺序必须严格一致，所以，如果函数形参为指针变量，则相应实参必须为指针。而指针变量、数组名、&普通变量名等均为指针的不同表现形式，因此都可以做相应实参。

由此，可以将上述传址方式的四种实现形式归纳为：形参为指针变量，实参为指针。

【例 8.11】编写函数 swap，利用指针实现变量 x 和 y 的交换。

```
#include <stdio.h>
void swap(int *p1,int *p2)        //等价于 void swap(int p1[],int *p2[])
{int t;
 t=*p1;
 *p1=*p2;
 *p2=t;
}
void main()
{
  int x,y,*px,*py;
  x=3;
  y=5;
```

133

```
    px=&x;
    py=&y;
    swap(px,py);                        //等价于 swap(&x,&y);
    printf("交换后的 x 和 y 为: ");
    printf(" x=%d,y=%d\n",x,y);
    printf("输出指针 px 和 py 所指向变量的值: ");
    printf(" %d,%d\n",*px,*py);
}
```

程序输出结果为:

交换后的 x 和 y 为: x=5, y=3

输出指针 px 和 py 所指向变量的值: 5,3

用户自定义函数 swap( ), 当 swap( )函数被调用时, 将实参 px 和 py 的值(分别是变量 x 和 y 的地址)传递给形参 p1 和 p2。这样 p1 和 p2 中分别存放了 x 和 y 的地址, 即 p1 指向 x, p2 指向 y, 如图 8.10(a)所示。执行被调函数体时交换了*p1 和*p2 的值, 如图 8.10(b)所示。注意, 此时 px、py 是不可见的, 因为已超出了它们的作用域。返回主调函数后, p1、p2 已经被释放, 但又进入了 px、py 的作用域, 通过它们可以引用已经交换了值的 x、y 所占内存单元。如图 8.10(c)所示, 从而达到交换数据的目的。

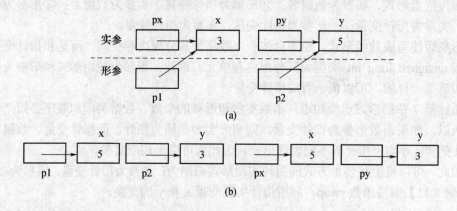

图 8.10 指针作为函数参数的示意图

(a) 形实参结合示意图; (b) 在被调函数中交换*p1 和*p2; (c)返回主调函数后*px 和*py 的值。

请思考一下能否利用下面的函数实现 x 和 y 互换?
```
void swap(int *p1,int *p2)
{   int *p;
    p=p1;
    p1=p2;
    p2=p;
}
```

如果在 main 主函数中调用此 swap 函数, 函数调用时的参数传递过程如图 8.10(a)所示。在 swap 函数中直接交换了形参指针 p1 和 p2 值, 使得指针 p1 指向了 y 变量, 指针

134

p2 指向了 x 变量。但返回主调函数后，实参 px、py 的指向并没有改变，因此，也就无法实现 x 和 y 之间的数据交换。

【例 8.12】输出一维数组各元素的值。

```c
#include <stdio.h>
void MyPrint(int *arr,int n)              //int *arr 等价于 int arr[]
{
    int *p,i;
    for(p=arr,i=0; i<n; i++,p++)
        printf("%5d",*p);
}
void main()
{int a[5]={1,2,3,4,5},*p=a;
 MyPrint(p,5);                            //等价于 MyPrint(a,5);
}
```

程序输出结果为： 1 2 3 4 5

主函数中实参数组名为 a，赋以各元素初值。函数 MyPrint 中形参 arr 为指针变量，它接收从实参传来的数组 a 的首地址。在执行 for 循环时，指针变量 p 的初值为 arr，即数组 a 的首地址，这时 p 就指向 a[0]，以后每次执行 p++，即使 p 指向下一个元素，从而输出数组各元素的值。

【例 8.13】用函数调用实现两个字符串的连接。

程序分析：自定义函数 con_str 的参数 str1 必须是字符数组名，且数组 str1 的长度要足够大，以便于存放连接后的新字符串。参数 str2 可以是字符数组名或字符常量。

```c
#include <stdio.h>
void con_str(char str1[ ],char str2[ ])
{ int i,j,k;
  i=0;
  while(str1[i]!='\0')                    //求 str1 数组的长度
      i++;
  for(j=i,k=0; str2[k]!='\0'; k++,j++)    //将 str2 连接在 str1 后面
        str1[j]=str2[k];
  str1[j]='\0';                           //加字符串结束标志
}
void main()
{ char a[50]=" Welcome to DeZhou";
  char b[ ]=" Hello world!";
  con_str(a,b);
  printf("连接后的字符串为: %s\n",pa);
}
```

程序输出结果为：

连接后的字符串为：Welcome to DeZhouHello world!

如果实参为多维数组名，则形参指针变量的声明格式必须和实参相对应，例如，实参数组声明为 int a[3][4];，则相应形参指针可以声明为 int p[][4]或 int (*p)[4]。注意，指针变量 p 的二维长度必须和实参数组的二维长度一致，且不能省略。

【例 8.14】求二维数组各元素的和，并输出二维数组各元素的值及它们的和。

```c
#include <stdio.h>
#define N 3
void arrayprint(int *p1,int d1,int d2)        //输出二维数组各元素的值
{  int i,j;
   for(i=0; i<d1; i++)
   { for(j=0; j<d2; j++)
          printf(" %5d",*(p1+i*d2+j));
    printf(" \n");
    }
}
int arraysum(int array[ ][4])                 //求二维数组各元素的和
{   int i,j;
    long sum=0;
    for(i=0; i<N; i++)
      for(j=0; j<4; j++)
            sum=sum+array[i][j];
    return sum;
}
void main()
{int i,j,a[3][4];
 int (*p)[4],sum;
 p=a;
 for(i=0; i<3; i++)                           //输入二维数组各元素的值
     for(j=0; j<4; j++)
         scanf(" %d",*(p+i)+j);
arrayprint(*a,3,4);
sum=arraysum(a);
printf(" sum=%ld\n",sum);
}
```

程序输出结果为：

输入：1 2 3 4 11 12 13 14 -20 10 6 4

输出：1   2   3   4

      11   12   13   14

```
    -20    10    6    4
    sum=60
```

在函数 main 中，先调用 arrayprint 函数输出二维数组各元素的值。在 arrayprint 函数中形参 p1 被声明为指向一个整型变量的指针变量。用 p1 指向二维数组的各元素，相应的实参用*a，即 a[0]，它是一个地址，指向 a[0][0]元素，为了得到 a[i][j]的值，可以用*(p1+i*d2+j)表示，其中 i*d2+j 用来计算 a[i][j]在数组中对 a[0][0]的相对位置(d2 为二维数组的列数)。在函数中输出各元素的值，故函数无需返回值。

8.3.2　指向函数的指针

1. 用指向函数的指针变量调用函数

一个函数占用一段连续的内存单元，而函数名就是这段内存单元的首地址，因此，可以定义一个指向函数的指针变量，通过该指针变量调用该函数。一旦指针变量指向了某个函数，它便与函数名具有同样的作用。

指向函数的指针变量定义的一般形式为：

数据类型　(*指针变量名)(「*形式参数列表」);

例如：

```
long (*p)();
```

定义了指针变量 p，使其指向返回值为长整型的函数。

指向函数的指针变量在使用之前也必须赋值，使其指向一个已经存在的函数。一般赋值形式为：

指针变量名=函数名;

用指针变量调用函数的一般形式为：

(*指针变量名)　(实参表)

【例 8.15】指向函数的指针变量使用示例。

```
#include <stdio.h>
void main()
{ int n;
  long jie1,jie2;
  long (*p)(int x);        //定义 p 为指向函数的指针，该函数有一个参数
  long fac(int x);         //被调函数声明
  p=fac;                   //函数首地址赋给指针 p
  scanf("%d",&n);
  jie1=(*p)(n);            //用函数指针变量形式调用函数
  jie2=fac(n);            //用函数名形式调用函数
  printf("调用方法一: %d!=%ld\n",n,jie1);
  printf("调用方法二: %d!=%ld\n",n,jie2);
}
long fac(int x)
{ int i;
```

```
    long f=1;
    for(i=1; i<=x; i++)
        f=f*i;
    return f;
}
```

程序输出结果为：

输入：5

输出：调用方法一：5! =120

　　　调用方法二：5! =120

需要注意的是，函数指针变量不能进行算术运算，因为函数指针的移动毫无意义。另外，函数调用中(*指针变量名)两边的括号不可少，其中的*是指针说明符，不应该理解为求值运算。

2. 指向函数的指针作为函数参数

函数的参数不仅可以用指针变量、数组名等，还可以用指向函数的指针作为函数参数。这时，形参为指向函数的指针变量，接收从实参传来的函数首地址。

【例 8.16】在 main 主函数中输入 a 和 b 两个数，求它们的和与差。

```
#include <stdio.h>
void main()
{
    int add(int,int);                          //函数声明
    int sub(int,int);                          //函数声明
    int result(int a,int b,int (*p)(int,int)); //函数声明
    int a,b,s1,s2;
    printf("输入a和b: ");
    scanf("%d,%d",&a,&b);
    s1=result(a,b,add);
    s2=result(a,b,sub);
    printf(" a+b=%d\n",s1);
    printf(" a-b=%d\n",s2);
}
int add(int x,int y)
{
    int sum;
    sum=x+y;
    return(sum);
}
int sub(int x,int y)
{
    int diff;
```

```c
  diff=x-y;
  return(diff);
}
```

//下面语句中，p 是指向函数的指针，该函数的返回值为整型，有两个整型形参

```c
int result(int a,int b,int (*p)(int,int))
{
  int val;
  val=(*p)(a,b);         //形参 p 接收从实参传来的函数入口地址
  return(val);
}
```

程序输出结果为：

输入 a 和 b：38, 12

输出：a+b=50

  a-b=26

8.3.3　返回值为指针的函数

函数的返回值的类型除了整型、实型和字符型外，还可以是一个指针(即地址)。

返回值为指针的函数定义形式为：

数据类型　　*函数名 (形参表)

```
{
    函数体
}
```

【例 8.17】返回值为指针的函数示例。

```c
#include <stdio.h>
void main()
{ int a,b,*p;
  int *add(int x,int y);
  printf("输入 a 和 b: ");
  scanf(" %d,%d",&a,&b);
  p=add(a,b);
  printf(" a+b=%d\n",*p);
}
int *add(int x,int y)
{ int sum;
  sum=x+y;
  return(&sum);
}
```

程序输出结果为：

输入 a 和 b：23, 10

a+b=33

8.3.4 main 函数的参数

在 C 语言中，main 函数有两个参数，其一般形式为：

```
数据类型  main(int argc,char *argv[])
```

其中，argc(第一个形参)必须是整型变量,用于存放操作系统命令行参数(包括命令)的个数；argv 必须是指向字符串的指针数组，用于存放接收以字符串常量形式存放的命令行参数(包括命令本身)。main 函数的这两个形参可以使用任意合法的标识符，但一般习惯使用 argc 和 argv。

main 函数不能被其它函数调用，但可以在命令行方式下获取实参。可执行文件在命令行方式下一般执行形式为：

```
可执行文件名  参数 1  参数 2…参数 n
```

其中，可执行程序名和各参数之间用一个或多个空格分隔，参数多少不限。

假设一个工程文件 exam，经编译和链接后生成可执行程序 exam.exe，则在命令行方式下输入：

```
exam English Math<CR>
```

该命令包括一个文件名 exam 和两个参数 English、Math，因此 argc 的值为 3。argv[0]指向文件名 exam，argv[1]指向参数 English，argv[2]指向参数 Math，如图 8.11 所示。

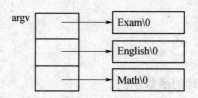

图 8.11   main 函数参数值示意图

【例 8.18】带参数的 main 函数示例程序。

```
#include <stdio.h>
int main(int argc,char *argv[])
{
  printf("Welcome");
  printf("%s ",argv[1]);
  printf("%s\n",argv[2]);
  printf("argc=%d\n",argc);
  printf("argv[1]=%s\n",argv[1]);
  printf("argv[2]=%s\n",argv[2]);
  return(0);
}
```

将此源文件加入到 exam 工程中，经编译和链接后，用命令行方式运行：

```
exam to dezhou
```

程序输出结果为：

```
Welcome to dezhou
argc=3
argv[1]=to
argv[2]=dezhou
```

8.4　典型例题

【例8.19】下列程序的输出结果是(　　　)。

```
point(char *p) { p+ =2;  }
void main( )
{ char b[4]={'e','f','g','h'},*p=b;
  point(p);  printf("%c\n",*p);
}
```

A. e　　　　　　　　B. f　　　　　　　　C. g　　　　　　　　D. h

程序分析：本例主要考察在调用函数时实参和形参之间的值传递问题。在本例中，形参为指针变量，实参也为指针变量，形参和实参各占用不同的内存单元，属于单向的值传递。　因此在 main()函数中调用 point 函数时，形实参结合的过程只是将实参的值(即数组 b 的首地址)赋给形参，但形参值的改变并不影响实参。所以在 main()函数中输出*p 的值仍为 e，正确答案为 A。

【例8.20】求一个 3 行 4 列二维数组每行元素中的最大值。

程序分析：本程序的主要目的是确定 3×4 列数组每行中数据的最大值，因此首先对数组的每一行进行循环操作，然后对该数组的每一行求最大值。

```
#include <stdio.h>
void main()
{
  int a[3][4]={{12,41,36,28},{19,33,15,27},{3,27,19,1}};
  void func(int m ,int n,int ar[][4],int *br);    //函数声明
  int b[3];
  int i;
  func(3,4,a,b);
  for(i=0; i<3; i++)
      printf("%4d",b[i]);
  printf("\n");
}
void func(int m ,int n,int ar[][4],int *br)
{
  int i,j,x;
  for(i=0; i<m; i++)
```

141

```c
{
    x=ar[i][0];
    for(j=0; j<n; j++)
        if(x<ar[i][j])
            x=ar[i][j];
    br[i]=x;
}
}
```

【例 8.21】将 N 行 N 列的二维数组中每一行的元素进行排序，第 0 行从小到大排序，第 1 行从大到小排序，第 2 行从小到大排序，第 3 行从大到小排序，例如：

$$当 A = \begin{vmatrix} 2 & 3 & 4 & 1 \\ 8 & 6 & 5 & 7 \\ 11 & 12 & 10 & 9 \\ 15 & 14 & 16 & 13 \end{vmatrix} \qquad 则排序后 A = \begin{vmatrix} 1 & 2 & 3 & 4 \\ 8 & 7 & 6 & 5 \\ 9 & 10 & 11 & 12 \\ 16 & 15 & 14 & 13 \end{vmatrix}$$

程序分析：本程序对 N×N 数组中每一行中的元素进行排序，其中偶数行是从小到大排序，奇数行从大到小排序。因此本程序首先要确定当前操作的是偶数行还是奇数行，然后针对相应的行进行相应的排序操作。

```c
#include <stdio.h>
#define  N  4
void sort(int a[ ][N])
{
    int i,j,k,t;
    int (*p)[N];
                            //定义 p 为指向一个有 4 个元素的一维数组的指针变量
    p=a;                    //p 指向第 0 行
    for(i=0; i<N; i ++)
    {
        for(j=0; j<N-1; j ++)
        {
            for(k=j; k<N; k++)
                if(i%2==1 ? *(*(p+i)+j)<*(*(p+i)+k):*(*(p+i)+j)>*(*(p+i)+k))
                {           //根据行号判断是递增排序还是递减排序
                    t=*(*(p+i)+j);
                    *(*(p+i)+j)=*(*(p+i)+k);
                    *(*(p+i)+k)=t;
                }
        }
    }
}
```

```
    }
void outarr1(int a[N][N])
{
                                   //用指向数组的指针处理矩阵的输出
    printf("this array is :\n");
    int *p=a[0];
    for(int i=0; i<N; i ++)
    {
        for(int j=0; j<N; j++)
                printf(" %4d  ",*(p+i*N+j));
        printf(" \n");
    }
}
void outarr2(int a[N][N])
{
                                   //用指向一维数组的行指针处理矩阵的输出
    printf("this array is :\n");
    int (*p)[N];              //定义 p 为指向一个有 4 个元素的一维数组的指针变量
    p=a;                      //p 指向第 0 行
    for(int i=0; i<N; i ++)
    {
        for(int j=0; j<N; j++)
            printf("%4d",*(*(p+i)+j));
        printf(" \n");
    }
}
int main()
{
    int arr[N][N]={{2,3,4,1},{8,6,5,7},{11,12,10,9},{15,14,16,13}};
    outarr1(arr);            //用指向数组的指针处理矩阵的输出
    sort(arr);               //用一维数组指针对矩阵的数据进行排序
    printf("the array has been sorted\n");
    outarr2(arr);            //用指向一维数组的行指针处理矩阵的输出
    return 1;
}
```

【例 8.22】对一段英文文字进行加密、解密，本题采用最简单的字符替代法，譬如将 a 替换为 b，b 替换为 c，…，z 替换为 a。其中标点符号和空格不进行加密处理。

程序分析：本程序中，对英文文字进行加密、解密。要加密的文字存放在字符串中，加密密钥采用最简单的顺序替代方法，存在一个字符变量 key 中，key 表示当前待加密字符用其后面的第几个字符来替代，如果密钥 key=1，则加密数据中依次是 a(A)→b(B)，b(B)→c(C)…z(Z)→a(A)；如果密钥 key=2，则加密数据中依次是 a(A)→c(C)，b(B)→d(D)…z(Z)→b(B)，依此类推…。解密过程反之。

```c
#include <stdio.h>
#include <string.h>
#include <stdlib.h>
//字符加密函数
void encode(char *szBuff, int nBuffSize, char key)
{
    char szkey = key ;
    for(int i = 0;  i<nBuffSize;  i ++)
    {    //只对 a～z 或者 A～Z 中的字符进行加密
        if('a'<= *(szBuff+i) && *(szBuff+i)<='z'||
        'A'<= *(szBuff+i) && *(szBuff+i)<='Z' )
        {
            if('a' <=(*(szBuff+i)+szkey) && (*(szBuff+i)+szkey)<= 'z'
             ||'A'<=(*(szBuff+i)+szkey) && (szBuff[i]+szkey)<='Z')
                *(szBuff+i)+=szkey;
            else
                *(szBuff+i)+=szkey-26; //保证循环加密正确
        }
    }
}
                                        //字符解密函数
void decode(char *szBuff, int nBuffSize, char key)
{
    char szkey=key;
    for(int i=0;  i<nBuffSize;  i++)
    {                                   //只对 a～z 或者 A～Z 中的字符进行解密
        if( 'a' <=*(szBuff+i) && *(szBuff+i)<='z'||
        'A' <=*(szBuff+i) && *(szBuff+i)<= 'Z' )
        {
            if('a' <=(*(szBuff+i)-szkey) && (*(szBuff+i)-szkey)<='z'||
            'A'<=(*(szBuff+i)-szkey) && (*(szBuff+i)-szkey)<='Z')
                *(szBuff+i)-=szkey;
            else
                *(szBuff+i)-=szkey-26; //保证循环解密正确
        }
    }
```

```
}
main()
{
    char szBuff[256];
    char ckey;
                                        //加密部分
    printf(" \nplease input the string will be encripted:\n");
    scanf(" %s", szBuff);
    getchar();
    printf(" \nplease input the key will be encripted:\n");
    scanf(" %d", &ckey);
    ckey=ckey % 26;                     //保证密钥 key 数值在 0~25 之间
    encode(szBuff, strlen(szBuff), ckey);
    printf(" \nthe result string  encripted is: %s \n", szBuff);
                                        //解密部分
    getchar();
    printf(" \nplease input the string will be decripted:\n");
    scanf(" %s", szBuff);
    getchar();
    printf(" \nplease input the key will be decripted:\n");
    scanf(" %d", &ckey);
    ckey=ckey % 26;
    decode(szBuff, strlen(szBuff), ckey);
    printf(" \nthe result string  decripted is :%s \n", szBuff);
    return 0;
}
```

习　题

一、选择题

1. 设已有定义：float x; ，则下列对指针变量 p 进行定义且赋初值的语句中正确的是(　　)。

　　A. float *p=1024;　　B. int *p=(float)x;　　C. float p=&x;　　D. float *p=&x;

2. 有定义：int n1=0, n2, *p=&n2, *q=&n1; ，以下赋值语句中与 n2=n1; 语句等价的是(　　)。

　　A. *p=*q;　　　　　　B. p=q;　　　　　　　　C. *p=&n1;　　　　D. p=*q;

3. 若有定义：int x=0, *p=&x; ，则语句 printf("%d\n", *p); 的输出结果是(　　)。

　　A. 随机值　　　　　　B. 0　　　　　　　　　　C. x 的地址　　　D. p 的地址

4. 有下列程序:

```
main( )
{ int a[10]={1, 2, 3, 4, 5, 6, 7, 8, 9, 10}, *p=&a[3], *q=p+2;
printf("%d\n", *p+*q);
}
```

程序运行后的输出结果是(　　)。

A. 16　　　　　　B. 10　　　　　　C. 8　　　　　　D. 6

5. 有下列程序:

```
main( )
{ int a[ ]={2, 4, 6, 8, 10}, y=0, x, *p;
  p=&a[1];
  for(x=1; x<3; x++)  y+=p[x];
  printf("%d\n", y);
}
```

程序运行后的输出结果是(　　)。

A. 10　　　　　　B. 11　　　　　　C. 14　　　　　　D. 15

6. 有下列程序:

```
void sum(int a[ ])
{ a[0]=a[-1]+a[1];
}
main( )
{ int a[10]={1, 2, 3, 4, 5, 6, 7, 8, 9, 10};
  sum(&a[2]);
  printf("%d\n", a[2]);
}
```

程序运行后的输出结果是(　　)。

A. 6　　　　　　B. 7　　　　　　C. 5　　　　　　D. 9

7. 有下列程序:

```
void swap1(int c0[ ], int c1[ ])
{ int t;
    t=c0[0];  c0[0]=c1[0];  c1[0]=t;
}
void swap2(int *c0, int *c1)
{ int t;
  t=*c0;  *c0=*c1;  *c1=t;
}
main( )
{ int a[2]={3, 5}, b[2]={3, 5};
  swap1(a, a+1);  swap2(&b[0], &b[1]);
```

```
    printf("%d %d %d %d\n", a[0], a[1], b[0], b[1]);
}
```

程序运行后的输出结果是(   )。

A. 3 5 5 3   B. 5 3 3 5   C. 3 5 3 5   D. 5 3 5 3

8. 有下列程序:

```
#include <string.h>
void f(char *s, char *t)
{ char k;
  k=*s;  *s=*t;  *t=k;
  s++;  t--;
    if(*s)f(s, t);
}
main( )
{ char str[10]= "abcdefg", *p;
  p=str+strlen(str)/2+1;
  f(p, p-2);
  printf("%s\n", str);
}
```

程序运行后的输出结果是(   )。

A. abcdefg   B. gfedcba   C. gbcdefa   D. abedcfg

9. 有下列程序:

```
float f1(float n)
{ return n*n;
}
float f2(float n)
{ return 2*n;
}
main( )
{ float (*p1)(float), (*p2)(float), (*t)(float), y1, y2;
  p1=f1;  p2=f2;
  y1=p2(p1(2.0));
  t=p1;  p1=p2;  p2=t;
  y2=p2(p1(2.0));
  printf("%3.0f, %3.0f\n", y1, y2);
}
```

程序运行后的输出结果是(   )。

A. 8, 16   B. 8, 8   C. 16, 16   D. 4, 8

10. 有下列程序:

```
void swap(char *x, char *y)
```

```
{ char t;
  t=*x;  *x=*y;  *y=t;
}
main()
{ char *s1="abc",  *s2="123";
  swap(s1, s2);  printf("%s, %s\n", s1, s2);
}
```

程序执行后的输出结果是(   )。

A. 123，abc   B. abc，123   C. 1bc，a23   D. 321，cba

11. 下列程序的输出结果是(   )。

```
main()
{ int a[3][3], *p, i;
  p=&a[0][0];
  for(i=0; i<9; i++) p[i]=i;
  for(i=0; i<3; i++) printf("%d", a[1][i]);
}
```

A. 0 1 2   B. 1 2 3   C. 2 3 4   D. 3 4 5

12. 下列程序的输出结果是(   )。

```
prt(int *m, int n)
{ int i;
  for(i=0; i<n; i++) m[i]++;
}
main()
{ int a[ ]={1, 2, 3, 4, 5}, i;
  prt(a, 5);
  for(i=0; i<5; i++) printf("%d, ", a[i]);
}
```

A. 1，2，3，4，5，   B. 3，4，5，6，1，
C. 4，5，6，1，2，   D. 2，3，4，5，6，

13. 有下列函数：

```
int fun(char *s)
{ char *t=s;
  while(*t++);
  return(t-s);
}
```

该函数的功能是(   )。

A. 比较两个字符串的大小

B. 计算 s 所指字符串占用内存字节的个数

C. 计算 s 所指字符串的长度

148

D. 将 s 所指字符串复制到字符串 t 中

14. 下列语句或语句组中，能正确进行字符串赋值的是(   )。

  A. char *sp; *sp="right";   B. char s[10]; s="right";

  C. char s[10]; *s="right";   D. char *sp="right";

15. 有下列程序:

```
void f(int *q)
{ int i=0;
  for(; i<5; i++)  (*q)++;
}
main( )
{ int a[5]={1, 2, 3, 4, 5}, i;
  f(a);
  for(i=0; i<5; i++) printf("%d, ", a[i]);
}
```

程序运行后的输出结果是(   )。

A. 2, 2, 3, 4, 5   B. 6, 2, 3, 4, 5

C. 1, 2, 3, 4, 5   D. 2, 3, 4, 5, 6

16. 已定义下列函数:

```
int fun(int *p)
{ return *p;  }
```

该函数的返回值是(   )。

  A. 不确定的值   B. 一个整数

  C. 形参 p 中存放的值   D. 形参 p 的地址值

17. 设有定义语句 int (*f)(int); ，则以下叙述正确的是(   )。

  A. f 是基类型为 int 的指针变量

  B. f 是指向函数的指针变量，该函数具有一个 int 类型的形参

  C. f 是指向 int 类型一维数组的指针变量

  D. f 是函数名，该函数的返回值是基类型为 int 类型的地址

18. 有下列程序:

```
main(int argc, char *argv[ ])
{ int n=0, i;
  for(i=1; i<argc; i++) n=n*10+*argv[i]-'0';
  printf("%d\n", n);
}
```

编译连接后生成可执行文件 tt.exe。若运行时输入以下命令行

tt 12 345 678

程序运行后的输出结果是(   )。

A. 12   B. 12345   C. 12345678   D. 136

二、填空题

1. 下列程序的功能: 利用指针指向 3 个整型变量, 并通过指针运算找出 3 个数中的最大值, 输出到屏幕上。请填空。

```
main( )
    { int x, y, z, max, *px, *py, *pz, *pmax;
     scanf("%d%d%d ", &x, &y, &z);
     px=&x; py=&y; pz=&z; pmax=&max;
     _____
         if(*pmax<*py) *pmax=*py;
         if(*pmax<*pz) *pmax=*pz;
         printf("max=%d\n", max);
    }
```

2. 下列函数 sstrcat( ) 的功能是实现字符串的连接, 即将 t 所指字符串复制到 s 所指字符串的尾部。例如: s 所指字符串为 abcd, t 所指字符串为 efgh, 函数调用后 s 所指字符串为 abcdefgh。请填空。

```
#include <string.h>
void sstrcat(char *s, char *t)
{ int n;
 n=strlen(s);
 while(*(s+n)= _____ {s++, t++; }
}
```

3. 下列程序运行后的输出结果是_____ 。

```
#include <string.h>
char *ss(char *s)
{ char *p, t;
    p=s+1; t=*s;
    while(*p){*(p-1)=*p; p++; }
    *(p-1)=t;
    return s;
}
main( )
{ char *p, str[10]= "abcdefg";
 p=ss(str);
 printf("%s\n", p);
}
```

三、编程题

1. 从键盘输入 10 个数, 用选择法按由小到大的顺序排列并输出, 要求用指针实现。

2. 求一个 3×3 矩阵对角线元素之和, 要求用指针实现。

3. 编写函数 f, 函数的功能是在数组 x 的 n 个数(假定 n 个数互不相同)中找出最大、最小数，将其中最小的数与第一个数对换，把最大的数与最后一个数对换。并在主函数中输出。

4. 编写函数 strcpy2( )实现字符串两次复制，即将 t 所指字符串复制两次到 s 所指内存空间中，全并形成一个新字符串。例如：若 t 所指字符串为 world，调用 strcpy2 后，s 所指字符串为 worldworld。

5. 编写一个函数，功能是判断一个字符串是否是回文。当字符串是回文时，函数返回字符串 yes!，否则函数返回字符串 no!，并在主函数中输出。(所谓回文即正向与反向的拼写都一样，例如：字符串 aadgdaa 为一回文字符串。)

第 9 章　结构体与共用体

在现实中，经常会遇到这样的现象，几个数据之间有着密切的联系，它们用来刻画同一事物的几个方面，但并不属于同一种数据类型。例如，新生入学登记表，要记录每个学生的学号、姓名、性别、年龄、身份证号、家庭住址和家庭联系电话等信息。显然，这些项都与某一个学生有联系，如果将它们分别定义为独立的基本变量，不能反映它们之间的内在联系，如果用一个数组来存放这一组数据，它们又不属于同一种数据类型。针对这种情况，C 语言给出了另一种构造数据类型——结构体，利用结构体将属于同一对象的不同类型数据组成一个有联系的整体，如新生入学登记表，可以将属于同一个学生的各种不同类型的数据组合在一起，形成整体的结构体类型数据；然后利用结构体类型变量存储、处理单个学生的信息。

本章主要介绍结构体类型的定义、结构体变量、结构体数组、指向结构体数组的指针以及链表的相关操作。

9.1　结构体类型

结构体是一种构造类型(自定义类型)，结构体类型在使用前需要先定义。结构体的使用分为三步：①定义结构体类型；②定义结构体变量；③使用结构体变量。

9.1.1　结构体类型定义

结构体类型定义的一般形式为：

struct 结构体名

{成员列表};

其中，

(1) 结构体名是结构体类型的名称，其构成规则与标识符构成规则相同；

(2) 成员列表表示若干不同数据类型的成员集合，各成员的类型既可以是基本数据类型，也可以是已经定义的结构体类型；成员之间用分号 "；" 分开。

例如：

```
struct stu        //struct 是关键字，stu 是结构体名
{                 //该结构体类型由 5 个成员组成，分别属于不同的数据类型
    long num;
    char name[20];
    char sex;
    int  age;
```

```
      char addr[30];
};    //结构体类型定义必须以分号";"结束
```

9.1.2 结构体类型变量的定义

结构体类型只是定义了数据的一种结构,要想在程序中使用它,应当定义结构体类型变量,并在其中存放具体数据。结构体类型变量的定义有以下两种方法,以上面定义的 stu 为例加以说明。

1. 先定义结构体类型再定义变量

其一般形式为:

```
struct 结构体名 变量名列表;
```

例如:

```
struct stu student1,student2;
```

定义两个 stu 类型的变量 student1 和 student2,注意,struct 关键字不可省略。

2. 在定义结构体类型的同时定义变量

其一般形式为:

```
struct 「结构体名」   //「」中的内容是可选项
{
    成员列表;
}变量名列表;
```

例如:

```
struct 「stu」
{
    long num;
    char name[20];
    char sex;
    int  age;
    char addr[30];
}student1,student2;
```

其作用与第一种方法相同,即定义了两个 stu 类型的变量 student1 和 student2,若结构体名 stu 省略,则无法在程序的其它地方再使用此结构体类型。

注意:

(1) 类型和变量是不同的概念,编译时只对变量分配空间,对类型不分配空间,赋值、存取或运算只能针对变量,不能针对类型。

(2) 结构体中的成员可以是普通变量,也可以是除自身之外的其它结构体变量。

例如:

```
struct date                      //声明一个结构体变量
{
    int month;
    int day;
```

```
    int year;
};
struct stu
{
    long num;
    char name[20];
    char sex;
    struct date birthday;                    //成员 birthday 是 struct data 类型
    char addr[30];
}student1,student2;
```

首先定义一个结构体 struct date，由 month、day、year 三个成员组成。在定义变量 student1 和 student2 时，其中的成员 birthday 被定义为 struct date 结构类型。

（3）成员名可与程序中其它变量同名，二者不代表同一对象，互不干扰。例如，程序中可以定义一个变量 num，它与 struct student 中的 num 是不同对象。

（4）结构体变量定义以后，系统为其分配存储空间，在 VC++ 6.0 环境下分配存储空间的大小与所设置的字节对齐有关，这是 VC++ 6.0 对变量存储的一个特殊处理，为了提高 CPU 的存储速度，VC++ 6.0 对一些变量的起始地址做了"对齐"处理。在默认情况下，VC++ 6.0 规定各成员变量存放的起始地址相对于结构的起始地址的偏移量必须为该变量的类型所占用的字节数的倍数。若字节对齐设置为一个字节，则分配的存储空间为结构体中各分量所占字节数的和。下面用一个例子来说明字节对齐设置问题。

【例 9.1】字节对齐设置举例。

```
#include <stdio.h>
#pragma pack(1)                   //设置为 1 字节对齐
main()
{struct test
    {
        char m1;
        int m2;
        double m3;
    }m;
    printf("变量 m 所占字节数为: %d",sizeof(m));
}
#pragma pack()                    //恢复对齐状态
```

程序输出结果为：

变量 m 所占字节数为：13

注意：在默认情况下，字节对齐方式为 8 字节对齐，程序输出结果为：变量 m 所占字节数为：16。

9.1.3　结构体变量的使用

结构体变量定义以后，就可以使用了，但需注意以下几个问题：

154

(1) 结构体变量的使用方式是分别使用变量中的各个成员，而不能整体使用。

使用结构体变量中一个成员的形式为：

结构体变量名.成员名

其中，"."运算符是成员运算符。例如：

    student1.num=11301;scanf("%s",student1.name); 都是正确的。

    scanf("%…",&student1); printf("%…",student1); 都是错误的。

(2) 如果成员本身又是结构体类型，则需使用成员运算符逐级访问。例如：

student1.birthday.year

(3) 同一种类型的结构体变量之间可以整体赋值。例如：

student2=student1;

其作用是把 student2 中的成员值依次赋给 student1 中的相应成员。

(4) 可以使用结构体变量成员的地址，也可以使用结构体变量的地址。例如：

    scanf("%d",&student1.num);   //从键盘输入一个整数赋给 student1.num

    printf("%o",&student1);   //输出 student1 的首地址

9.1.4 结构体变量的初始化

和其它类型变量一样，结构体变量也可以在定义时进行初始化，初始化数据用{}括起来，其顺序与结构体中的各成员顺序保持一致，数据之间用,分开。

【例 9.2】结构体变量初始化。

```c
#include <stdio.h>
struct
{
    long   num;
    char   name[20];
    char   sex;
    int    age;
    char   addr[30];
}stu1={11301, "Wang Lin",'M',19, "200 Beijing Road"};
void main()
{
    printf("no=%ld,name=%s,sex=%c,age=%d,addr=%s",
        stu1.no,stu1.name,stu1.sex,stu1.age,stu1.addr);
}
```

程序输出结果为：

no=11301,name=Wang Lin, sex=M, age=19,addr=200 Beijing Road

9.1.5 结构体变量的赋值

结构体变量在定义时直接赋值称为结构体变量的初始化，结构体变量也可以在定义以后再赋值，这时只能对各成员单独赋值。

【例 9.3】 结构体变量赋值。

```c
#include <stdio.h>
#include <string.h>                        //包含字符串运算的头文件
struct
{
    long num;
    char name[20];
    char sex;
};
void main()
{
    struct stu;
    stu.num=11201;
    strcpy(stu.name, "Li Ping");          //使用字符串复制函数实现字符数组赋值
    stu.sex='M';
    printf("no=%ld,name=%s,sex=%c",stu.no,stu.name,stu.sex);
}
```

程序输出结果为：

```
no=11201,name=Li Ping, sex=M
```

9.2   结构体数组

一个结构体变量可以存放一个学生的一组数据，如果存放一个班的学生信息，显然要用数组，数组中的每个元素都是一个结构体类型的数据，即结构体数组。

9.2.1   结构体数组的定义

结构体数组的定义方法和结构体变量相似，也有两种定义方法。

(1) 先定义结构体类型再定义结构体数组。如：

```c
 struct stu student[5];
```

(2) 在定义结构体类型的同时定义结构体数组。如：

```c
 struct stu                 //此处若省略结构体名 stu 则构成无名结构体
 {
    long num;
    char name[20];
    char sex;
    int age;
    char addr[30];
 }student[5];
```

156

这两种方式都是定义了一个结构数组 student，共有 5 个元素，分别为 student[0]～student[4]。结构体数组中某元素成员的使用格式为：数组名[下标].成员名。

9.2.2 结构体数组的初始化

和其它数据类型的数组一样，结构体数组可以初始化。初始化数据用{}括起来；当对全部元素赋初值时，也可省略数组长度。例如：

```c
struct stu
{
    long num;
    char name[20];
    char sex;
    char addr[30];
}student[3]={{11001,"Li ping",'M',"103 Beijing Road"},
            {11002, "Zhang ping",'M',"150 Shanghai Road"},
            {11003,"He fang",'F',"012 Zhongshan Road"}}
```

【例 9.4】输出一个班级中每个学生的成绩和所有学生的平均成绩以及不及格人数。

```c
#include <stdio.h>
#include <string.h>
struct stu
{
    long num;
    char name[20];
    char sex;
    float score;
}student[5]={{11001,"Li ping",'M',45},
            {11002,"Zhang ping",'M',62.5},
            {11003,"He fang",'F',92.5},
            {11004,"Chen bing",'F',87},
            {11005,"Wang ming",'M',58}};    //初始化一个结构体数组
void main()
{
    int i,c=0;
    float ave,s=0;
    for(i=0;i<5;i++)
    {
        s+=student[i].score;
        if(student[i].score<60) c+=1;
    }                                //计算所有学生的总分和不及格的人数
    ave=s/5;
```

```
        printf("num     name          score \n");
        for(i=0;i<5;i++)                              //输出所有学生的成绩
            printf("%-8ld%-12s%-4.2f\n",student[i].num,student[i].name,
                student[i].score);
        printf("average=%4.2f\ncount=%6d\n",ave,c);  //输出平均分和不及格人数
}
```

本程序定义了一个有 5 个元素的全局结构体数组 student，并进行了初始化。在 main 函数中用 for 语句逐个累加各元素的 score 成员值存于 s 之中，如 score 的值小于 60(不及格)即计数器 c 加 1，循环完毕后计算平均成绩，并输出全班总分、平均分及不及格人数。

程序输出结果为：

```
num        name        score
11001      Li ping     45.00
11002      Zhang ping  62.50
11003      He fang     92.50
11004      Chen bing   87.00
11005      Wang ming   58.00
average=69.00
count=2
```

9.3 结构体指针变量

指向结构体类型数据的指针变量，称为结构体指针变量。结构体指针变量中的值是所指向的结构体变量的首地址，通过结构体指针可以间接访问该结构体变量的各成员值。下面说明结构体指针变量的定义以及变量成员的引用。

1. 结构体指针变量定义的一般形式

```
struct 结构体名  *结构体指针变量名;
```

例如，struct stu *p;定义了一个结构体指针变量，它可以指向一个 struct stu 结构体类型的变量。

2. 通过结构体指针变量访问结构体变量成员的形式

(1) (*结构体指针变量名).成员名。注意：. 运算符优先级比*运算符高。

(2) 结构体指针变量名->成员名，其中：→是指向成员运算符，很简洁，更常用。

例如，可以使用(*p).num 或 p->num 访问 p 指向的结构体的 num 成员。

9.3.1 指向结构体的指针

【例 9.5】用结构体变量指针输出结构体各成员的值。

```
#include <stdio.h>
#include <string.h>
void main()
```

158

```
{
  struct stu
  {
      long num;
      char name[20];
      char sex;
      float score;
}student={11001,"Li ping",'M',45};
struct stu *p;
p=&student;
printf("no=%ld,name=%s,sex=%c,score=%f\n",student.num,student.name,
student.sex,student.score);
printf("no=%ld,name=%s,sex=%c,score=%f\n",(*p).num,(*p).name,(*p).sex,
(*p).score);
printf("no=%ld,name=%s,sex=%c,score=%f\n",p->num,p->name,p->sex,p->sco
re);
}
```

程序中定义了一个结构体类型 struct stu，定义了结构体类型变量 student 并进行了初始化，还定义了一个指向 stu 类型的指针变量 p。在函数的执行部分将结构体变量的起始地址赋给指针变量 p，第一个输出语句用变量 student 输出其各个成员的值，第二个输出语句用指针变量输出 student 中各成员的值。

程序输出结果为：

```
no=11001, name=Li ping, sex=M, score=45
no=11001, name=Li ping, sex=M, score=45
no=11001, name=Li ping, sex=M, score=45
```

可以看出三个输出语句的输出结果是相同的，三种变量成员的引用形式是等价的。

9.3.2 指向结构体数组的指针

指针变量可以指向一个数组，同样可以指向一个结构体数组，指针变量的初值就是结构体数组的首地址，下面通过例子说明它的应用。

【例 9.6】用指向结构体数组的指针输出结构体数组中各成员的值。

```
#include <stdio.h>
#include <string.h>
void main()
{
  struct stu
  {
      long num;
      char name[20];
```

```
        char sex;
        float score;
    }student[5]={{11001,"Li ping",'M',45},
        {11002,"Zhang ping",'M',62.5},
        {11003,"He fang",'F',92.5},
        {11004,"Cheng ling",'F',87},
        {11005,"Wang ming",'M',58}};
    struct stu *p;                          //定义指针 p 指向结构体数组
    printf("num     name        sex    score \n");
    for(p=student; p<student+5; p++)        //输出数组中各成员的值
      printf("%-8ld %-12s %-5c %-4.2f\n", p->num, p->name, p->sex,
p->score);
}
```

程序输出结果为：

```
num      name         sex    score
11001    Li ping       M      45.00
11002    Zhang ping    M      62.50
11003    He fang       F      92.50
11004    Chengling     F      87.00
11005    Wang ming     M      58.00
```

程序中，定义了 struct stu 结构类型的数组 student 并进行了初始化，定义了指向结构体数组 student 的指针 p。在程序的执行部分，for 循环语句中 p 被赋予 student 的首地址，然后循环 5 次，输出 student 数组中各成员的值。

注意：

(1) 如果 p 的初值为 student，即指向第一个元素，则 p 加 1 后就指向下一个元素。例如，(++p)->num 先使 p 加 1，然后得到它指向的元素中的 num 成员值。

(p++)->num 先得到 num 的成员值，然后使 p 自加 1，指向 stu[1]。

(2) 注意(++p)->num 和(p++)->num 的不同，同时注意它们与++p->num 不同，++p->num 是对成员 num 的值加 1。

(3) 一个结构体指针变量虽然可以用来访问结构体变量或结构体数组元素的成员，但是不能指向其中一个成员。也就是说不允许 p=&student[1].num，只能是 p=&student 或者 p=&student[0]。

9.3.3 结构体变量、结构体指针变量作函数参数

结构体变量、结构体指针变量都可以像其它类型变量一样作为函数的参数，也可以将函数定义为结构体类型或结构体指针类型，即函数返回值类型为结构体或结构体指针。

1. 结构体变量作为函数参数

结构体变量作函数参数是采用"传值"方式，即分别为形参和实参分配内存空间，"形实参结合"是将实参各成员值传递给形参所对应成员。当然，实参和形参的结构体变量类

型应当完全一致。

【例 9.7】将例 9.5 中的输出功能用一个函数实现。

```c
#include <stdio.h>
#include <string.h>
struct stu
{
    long num;
    char name[20];
    char sex;
    float score;
};
void main()
{
  void print(struct stu);
  struct stu student1={11001,"Li ping",'M',45};
  print(student1);
  }
void print(struct stu student)     //以不同方式输出结构体 student 中各成员值
  {
    printf("no=%ld,name=%s,sex=%c,score=%f\n",student.num,student.name,
    student.sex,student.score);
    printf("no=%ld,name=%s,sex=%c,score=%f\n",(*p).num,(*p).name,(*p).
    sex, (*p).score);
    printf("no=%ld,name=%s,sex=%c,score=%f\n",p->num,p->name,p->sex,p->sc;
}
```

程序输出结果与例 9.5 相同。

2. 指向结构体变量的指针作函数参数

通过指针来传递结构体变量的地址给形参，再通过形参指针变量引用结构体变量中成员的值。结构体指针变量作函数参数是采用"传址"方式，"形实参结合"是指将实参值(一个结构体变量的指针)传递给形参指针变量。

【例 9.8】将例 9.6 中的输出功能用一个函数实现。

```c
#include <stdio.h>
#include <string.h>
struct stu                         //结构体定义
{
    long num;
    char *name;
    char sex;
    float score;
```

161

```
}
void main()
{
    void print(struct stu *);
    struct stu student[5]={{11001,"Li ping",'M',45},
                           {11002,"Zhang ping",'M',62.5},
                           {11003,"He fang",'F',92.5},
                           {11004,"Cheng ling",'F',87},
                           {11005,"Wang ming",'M',58}};    //结构体初始化
    struct stu *p1;
    printf("num     name        sex  score \n");
    for(p1=student; p1<student+5; p1++) print(p1);
}
void print(struct stu *p)
{
    printf("%-8ld %-12s %-5c %-4.2f\n", p->num, p->name, p->sex,
    p->score);
}
```

程序输出结果与例 9.6 相同。

9.4 链 表

9.4.1 链表概述

用数组存放数据时，必须事先定义固定的长度(即数组元素个数)。例如，用数组存放一个班所有学生的数据，事先难以确定班级的人数，则必须把数组定义得足够大，以便能存放所有学生数据。显然这样会浪费内存空间。而动态数据结构可以根据需要动态分配内存单元。本节介绍的链表是一种最简单、最常用的动态数据结构。

链表有单向链表、双向链表、循环链表等形式，图 9.1 所示是最简单的单向链表。表中有一个"头指针"变量，图中以 head 表示，它存放的是链表中第一个元素的首地址。链表中每一个元素称为"节点"，每个节点都包含两部分：数据域和指针域，数据域存放用户需要使用的数据，指针域存放下一个节点的首地址。链表中最后一个节点称为"表尾"，它的指针域为空，用 NULL 表示。

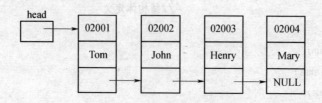

图 9.1 单向链表结构示意图

由于链表中的每个节点都有一个指针域用于指向下一个节点，因此各元素在内存中分配的地址可以是不连续的。这样可以根据需要分配内存空间，并且添加、删除节点时不用移动任何节点，只需修改指针的值即可。但是要找某一个元素，必须知道链表的"头指针"，由表头开始依次查找。因此可以用结构体变量表示链表中的节点，一个结构体变量包含若干个成员，这些成员可以是 C 语言中除 void 以外的任何数据类型，但必须有一个指向本结构体类型的指针成员用于存放下一个节点的首地址。图 9.1 中所示的节点可定义如下。例如：

```
struct stu
{
    long  num;
    char *name;
    struct stu *next;
};
```

其中成员 num 用来存放节点中的数据，next 是指向 struct stu 的指针类型成员，它指向 struct stu 类型数据，其结构如图 9.1 所示。每一个节点都是 struct stu 类型，它的成员 next 存放下一个节点的地址，程序设计人员可以不必具体知道各节点的地址，只要保证将下一个节点的地址放到前一个节点成员的 next 中即可。

9.4.2 动态存储分配函数

要处理动态数据结构，需要在程序执行的过程中动态分配内存单元，C 语言提供了相关函数，下面仅介绍三个最常用的函数。

(1) malloc 函数。其函数原型为：

```
void *malloc(unsigned int size)
```

作用是在内存动态存储区中分配一个长度为 size 的连续空间，如果申请成功，则函数返回所分配内存空间的首地址，否则返回空指针 NULL。

(2) calloc 函数。其函数原型为：

```
void *realloc(void *mem_address, unsigned int newsize)
```

作用是改变 mem_address 所指内存空间的大小为 newsize 长度。如果重新分配成功则返回被分配内存空间的首地址，否则返回空指针 NULL。

(3) free 函数。其函数原型为：

```
void free(void *ptr)
```

作用是将指针变量 ptr 指向的存储空间释放，以便系统可以重新使用，free 函数无返回值。

9.4.3 链表的基本操作

链表的操作最常用的有建立链表、输出链表、插入和删除节点以及查找等操作。为了操作的方便，一般在链表的第一个节点之前增加一个节点，称为头节点，它的指针域存放第一个元素的首地址，数据域一般为空，也可以存放一些诸如链表的长度等辅助信息。这样，即使空链表也会有一个节点，处理起来就可以不分链表是否为空等情况。带头节点的单链表结构如图 9.2 所示。

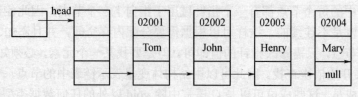

图 9.2 带头节点的单链表

1. 建立链表

建立链表是指逐个添加节点,输入各节点数据,并建立起各节点之间的前后逻辑关系。

【例 9.9】编写函数建立一个存储学生数据的带头节点的单向链表。

程序分析:建立单向带头节点链表的步骤为:

(1) 先建立一个头节点,并由 head 指针指向它,指针域的初始值为 NULL,然后将建立的节点依次插入到链表中,链表中最后一个元素由指针 p1 指向。

(2) 用 malloc 函数开辟第一个节点,并让 p2 指向它。

(3) 从键盘读入一个学生的数据赋给 p2 所指的节点。约定学号不为零,如果学号为零说明链表建立完毕;如果输入的 p2->num 不等于 0,则将 p2 插入到 p1 之后,然后 p1 指针后移指向新插入的节点。若建立的节点为链表中第一个节点,过程如图 9.3(a)所示,若不是第一个节点,过程如图 9.3(b)所示。

(4) 重复(2)、(3)直到学号为零。

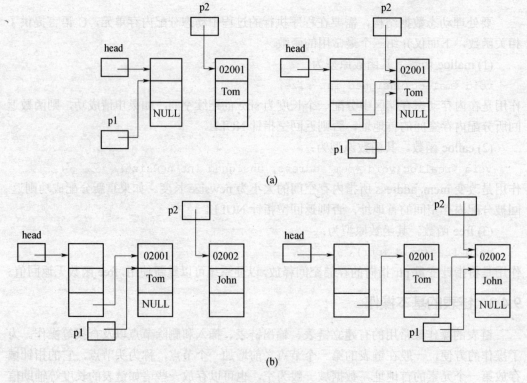

图 9.3 链表的建立

(a) 建立节点为第一个节点;(b) 建立节点不是第一个节点。

建立链表函数如下：

```c
#include <stdio.h>
#include <malloc.h>
#define NULL 0
#define LEN sizeof(struct stu)
struct stu                                    //结构体定义
{
    long num;
    float score;
    struct stu *next;
};
int n;
struct stu *creat()
{
    struct stu *head;
    struct stu *p1, *p2;
    head=(struct stu*)malloc(LEN);    //建立头节点
    head->next=NULL;
    p1=head;
    p2=(struct stu*)malloc(LEN);      //建立第一个节点
    scanf("%ld, %f",&p2->num, &p2->score);
    while(p2->num!=0)
    {                                  //将建立的节点依次插入到表尾
        p2->next=p1->next;
        p1->next=p2;
        p1=p2;                         //P1 始终指向链尾结点
        p2=(struct stu*)malloc(LEN);
        scanf("%ld, %f",&p2->num, &p2->score);
    }
    free(P2);                          //最后一个节点并没有加入到链表中，需要释放
    return(head);
}
```

调用 creat 函数后，函数的返回值是所建立的链表的头节点的首地址，学生的数据从第一个节点开始存储。

2. 输出链表

输出链表是指将链表中的各节点的数据依次输出。

【例 9.10】编写函数 print，输出链表中各元素的值。

程序分析：要输出链表首先要知道链表头节点的地址，也就是要知道头指针 head 中的值，然后定义一个指针变量 p，先指向第一个节点，输出个成员的值，然后将 p 后

165

移一个节点，再输出，直到链表的末尾。

```c
void print(struct stu *head)
{
    struct stu *p;
    printf("\nThese %d nodes are:\n",n);
    p=head->next;                    //指针 p 指向第一个节点
    while(p!=NULL)
    { //依次输出链表中各节点的值
        printf("%ld %5.1f\n",p->num,p->score);
        p=p->next;                   //p 指针后移
    }
}
```

调用 print 函数后，从 head 所指的第一个节点出发，顺序输出各节点中成员的值。

3. 插入节点

将一个节点插入到链表中的某个位置，需要知道待插入节点的前一个节点的位置，即插入节点分为查找插入点和插入节点两个步骤。

【例 9.11】若已有一个学生链表，各节点按学号的值由小到大排列，现要插入一个新生的节点，要求插入后保持学号由小到大的顺序。

程序分析：head 为链表的头指针，假设 p0 指向待插入节点，p1 指向第一个节点，p2 为 p1 的前驱节点。将 p0->num 与 p1->num 相比较，如果 p0->num>p1->num，将 p1 后移，并将 p2 指向 p1 所指节点。继续比较，直到 p0->num<=p1->num 或 p1 所指的已经是表尾节点为止。这时将 p0 所指节点插到 p2 所指节点之后。

插入语句为：p0->next=p2-next；p2->next=p0，插入过程如图 9.4 所示。

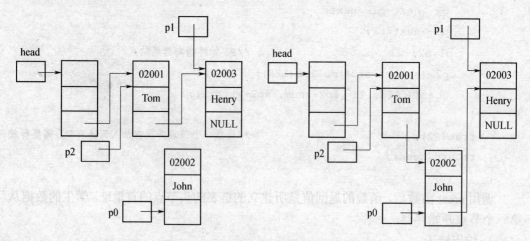

图 9.4　插入节点

插入节点函数如下：

```c
void insert(struct stu *head, struct stu *p0)
{
```

166

```
    struct stu *p0, *p1, *p2;
    p1=head->next;
    p2=head;
    while((p0->num>p1->num)&&(p1!=NULL))      //查找插入点
    {p2=p1; p1=p1->next;}
    p0->next=p2->next;
    p2->next=p0;
}
```

此函数中参数为 head 和 student，student 也是一个指针变量，从实参传来待插入节点的地址给 student。

4. 删除节点

从链表中删除一个节点，与插入节点类似，需要确定删除节点的前一个节点，因此，删除节点也分为查找删除节点和删除节点两个步骤。

【例 9.12】编写函数删除链表中指定的节点。

程序分析：head 为链表的头指针，设两个指针 p1 和 p2，先使 p1 指向第一个节点，p2 为 p1 的前驱节点。如果要删除的不是第一个节点，将 p1 的值赋给 p2，然后使 p1 后移，重复上述过程直到找到待删除节点为止，过程如图 9.5 所示。

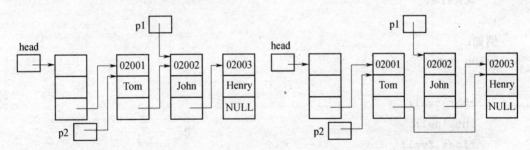

图 9.5 删除节点

如果要删除的节点是第一个节点，则将 p1->next 赋给 head->next，如果要删除的节点不是第一个节点，则将 p1->next 赋给 p2->next。在具体操作中还要考虑链表是空和找不到要删除节点的情况。

删除节点函数如下：

```
int delete(struct stu *head, long num)
{
    struct stu *p1,*p2;
    p1=head->next;
    if(head->next==NULL)              //链表为空表
        {return-1;}
    while(num!=p1->num&&p1!=NULL)     //查找删除节点
        { p2=p1; p1=p1->next;}
    if(!p1)                           //删除节点不存在
        {return 0;}
```

167

```
    p2->next=p1->next;              //将删除结点从链表中摘除
    free(p1);                       //释放删除节点
    return 1;
}
```

9.5 共 用 体

在程序编写得过程中，有时需要将几种不同类型的变量存放到同一段内存单元中，如编译程序的符号表处理。现假设有三种不同类型的数据，分别是 char 型、int 型和 float 型，它们在内存中占的字节数不同，但都从同一地址开始存放。这种几个不同的变量共占同一段内存的结构，称为"共用体"类型的结构。

9.5.1 共用体类型的定义

共用体类型定义的一般形式为：
```
union 共用体名
{
    成员列表;
};
```
例如：
```
union data
{
    char cval;
    int inal;
    float fval;
};
```
定义了一种共用体类型 union data，三种类型的数据共用一段存储单元。

9.5.2 共用体类型变量的定义

共用体类型变量的定义方式有两种。
(1) 先定义共用体类型，后定义变量。如 union data 是已经定义的共用体类型，变量定义如下：
```
union data a,b,c;
```
定义了三个 union data 类型的共用体变量 a,b,c。
(2) 定义类型的同时定义变量。例如：
```
 union data          //此处若省略共用名，则构成无名共用体
{
    char cval;
    int inal;
```

168

```
        float fval;
    }a,b,c;
```

共用体在形式上和结构体类似，但它们有着本质的区别：结构体变量的每个成员都拥有自己的内存单元，可以同时使用，互不干扰；而共用体变量的各成员是共同拥有一段内存单元，在某一时刻只能有一个成员起作用。在字节对齐方式为一个字节的情况下，分配给共用体存储空间的大小为成员中所占字节数最大的一个，字节对齐方式设置同例9.1。

9.5.3　共用体变量的使用

共用体变量的使用方式和结构体相同，都是在定义了变量以后，用"变量名.成员名"的形式引用变量中的成员，而不能作为整体使用。例如：

```
union data a,*p;
printf("%c,%d,%f",a.cval,a.inal,a.fval);
```

或 `printf("%c,%d,%f",p->cval,p->inal,p->fval);`

【例9.13】为共用体各成员赋值，并输出各成员的值。

```
#include <stdio.h>
main()
{
    union
    {
        float   m;
        int     n;
        char    c;
    }temp;
    temp.m=25.6;
    temp.n=12;
    temp.c='a';
    printf("输出共用体中各成员的值: \n");
    printf("temp.m=%f\ntemp.n=%d\ntemp.c=%c\n",temp.m,temp.n,temp.c);
}
```

程序输出结果为：

输出共用体中各成员的值：

```
temp.m=0.00
temp.n=97
temp.c=a
```

从程序运行结果可以看出，尽管对共用体变量的成员赋予了不同的值，但它只接受最后一个赋值，即只有成员 c 的值是确定的，而成员 m 和 n 的值是不可预料的，使用的时候需要注意。

9.6 枚举类型

如果一个变量只有几种可能的值，则可以定义为枚举类型。所谓枚举是指将变量可能的取值一一列举出来，变量值只限于此范围内。只能取预先定义值的数据类型是枚举类型。

1. 枚举类型定义

枚举类型定义格式为：

enum 枚举类型名{枚举元素列表};

例如：

enum weekday{sun,mon,tue,wed,thu,fri,sat};

2. 枚举变量定义

(1) 定义枚举类型的同时定义变量：

enum「枚举类型名」{枚举常量列表}枚举变量列表;

(2) 先定义类型后定义变量：

enum 枚举类型名 枚举变量列表;

例如：

enum weekday{sun,mon,tue,wed,thu,fri,sat};

定义枚举类型 enum weekday。

enum weekday week1,week2;

定义 enum weekday 枚举类型的变量 week1,week2，其取值范围：sun,...,sat。

可以用枚举常量给枚举变量赋值，例如：week1=wed; week2=fri。

注意：

(1) enum 是标识枚举类型的关键词，定义枚举类型时应当用 enum 开头。

(2) 枚举元素(枚举常量)由程序设计者自己指定，命名规则同标识符。这些名字是符号，可以提高程序的可读性。

(3) 枚举元素在编译时，按定义时的排列顺序取值 0,1,2，...(类似整型常数)。

(4) 枚举元素是常量，不是变量(看似变量，实为常量)，可以将枚举元素赋值给枚举变量。但是不能给枚举常量赋值。在定义枚举类型时可以给这些枚举常量指定整型常数值(未指定值的枚举常量的值是前一个枚举常量的值+1)。例如：

enum weekday{sun=7,mon=1,tue,wed,thu,fri,sat};

(5) 枚举常量不是字符串。

(6) 枚举变量和常量一般可以参与整数能参与的运算，如算术/关系/赋值等运算。例如：要打印 sun,...，应该用：if(week1==sun)printf("sun")。切记不要用 week1=sun; printf("%s",week1);

3. 枚举变量的使用

枚举类型变量一般用于循环控制变量，枚举常量用于多路选择控制情况。

【例 9.14】枚举类型应用。

```c
#include <stdio.h>
main()
{
    enum season{Spring,Summer,Autumn,Winter};
    enum season sea;
    for(sea=Spring;sea<=Winter;sea++)
    switch(sea)
    {
        case Spring:printf("Spring\n");break;
        case Summer:printf("Summer\n");break;
        case Autumn:printf("Autumn\n");break;
        case Winter:printf("Winter\n");break;
    }
}
```

程序输出结果为：

```
Spring
Summer
Autumn
Winter
```

9.7 典型例题

【例9.15】有以下程序

```c
#include <stdio.h>
#include "string.h"
typedef struct{char name[9]; char sex;float score[2];}STU;
void f(STU a)
{
    STU b={"Zhao",'m',85.0,90.0};  int i;
    strcpy(a.name,b.name);
    a.sex=b.sex;
    for(i=0;i<2;i++) a.score[i]=b.score[i];
}
main()
{
    STU c={"Qian",'f',95.0,92.0};
    f(c);
    printf("%s,%c,%2.0f,%2.0f\n",c.name,c.sex,c.score[0],c.score[1]);
}
```

程序的运行结果是(　　　)。

A. Qian,f,95,92　　　　　　　　　　　B. Qian,m,85,90

C. Zhao,f,95,92　　　　　　　　　　　D. Zhao,m,85,90

程序分析：此题目主要考查参数的传递问题，函数中形参的值改变不会影响实参，因此在函数调用 f(c)中形参 a 的值不会改变实参 c 的值，答案为 A。

【例 9.16】以下程序中函数 fun 的功能是：统计 person 所指结构体数组中所有性别 (sex)为 M 的记录的个数，存入变量 n 中，并作为函数值返回。请填空。

```
#include  <stdio.h>
#define   N  3
typedef   struct
{ int   num; char  nam[10]; char  sex; } SS;
intfun(SS person[])
{ int  i,n=0;
  for(i=0; i<N; i++)
    if(_____ =='M')  n++;
  return n;
}
main()
{ SS  W[N]={{1, "AA",'F'},{2, "BB",'M'},{3, "CC",'M'}};   int n;
  n=fun(W);   printf("n=%d\n", n);
}
```

程序分析：此题目主要考查结构体中成员的引用，因为题目中要求统计性别为 M 的记录的个数，每次循环时都要判断结构体 W 中成员 sex 的值是否等于 M，因此 if 语句判断的条件应该为 person[i].sex=='M'。

【例 9.17】已知学生的记录由学号和学习成绩构成，M 名学生的数据已存入 stu 结构体数组中。请编写函数 fun，该函数的功能是：找出成绩最高的学生记录，通过形参返回主函数(规定只有一个最高分)。已给出函数的首部，请完成该函数。

请勿改动主函数 main 与其它函数中的任何内容，仅在函数 fun 的花括号中填入所编写的若干语句。

注意：部分源程序给出如下。

```
#  include <stdio.h>
#  include <string.h>
#  i nclude <conio.h>
#  define M 10
typedef struct ss
{ char num[10];
  int s;
} SCORE;
void fun(SCORE stu[],SCORE *s)
```

```
    {

    }
main()
{ SCORE stu[M]={{"02",69},{"04",85},{"01",91},{"08",64},{"06",87},
       {"015",85},{"013",91},{"012",64},{"011",91},{"017",64}},m;
  int i;
  FILE *out;
  printf("The original data \n");
  for(i=0;i<M;i++)
    printf("NO=%s Mark=%d\n",stu[i].
num,stu[i].s);
  fun(stu,&m);
  printf("THE RESULT \n");
  printf(" The hight : %s,%d\n",
m.num,m.s);
  out=fopen ("outfile.dat","w");
  fprintf(out,"%s\n%d",m.num,m.s);
  fclose (out);}
```

程序分析：函数要求找成绩最高的学生记录，因此需要对每个学生的成绩进行比较，题目要求用形参返回最高学生的记录，因此每次找到当前成绩时，用形参记录下该学生的位置。函数代码具体如下：

```
int i,max;
max=stu[0].s;
for(i=0;i<M;i++)
  if(stu[i].s>max)
    {max=stu[i].s; *s=stu[i];}
```

习　题

一、选择题

1. 若有下列说明和定义：

```
union dt
{ int a; char b; double c;}data;
```

下列叙述中错误的是(　　)。

A. data 的每个成员起始地址都相同

B. 变量 data 所占内存字节数与成员 c 所占字节数相等

C. 程序段：data.a=5;printf("%f\n",data.c);输出结果为 5.000000

D. data 可以作为函数的实参

2. 设有如下说明：

```
typedef struct ST
{ long a; int b; char c[2]; } NEW;
```

则下列叙述中正确的是(　　)。

A. 以上的说明形式非法　　　　　B. ST 是一个结构体类型

C. NEW 是一个结构体类型名　　　D. NEW 是一个结构体变量

3. 有下列结构体说明和变量定义,指针 p、q、r 分别指向此链表中的三个连续节点。

```
struct node
{   int data;
    struct node *next;
}*p,*q,*r;
```

现要将 q 所指节点从链表中删除,同时要保持链表的连续,下列不能完成指定操作的语句是(　　)。

A. p->next=q->next;　　　　　　B. p->next=p->next->next;

C. p->next=r;　　　　　　　　　D. p=q->next;

4. 有下列程序：

```
#include   <string.h>
struct STU
{ int num;
  float TotalScorc;
};
void f(structSTU p)
{   struct STU s[2]={{20044,550},{20045,537}};
  p.num=s[1].num; p.TotalScore=s[1].TotalScore;
}
main( )
  {   struct STU   s[2]={{20041,703},{20042,580}};
      f(s[0]);
      printf("%d %3.0f\n",s[0]. num,s[0]. TotalScore);
  }
```

程序运行后的输出结果是(　　)。

A. 20045 537　　　　B. 20044 550　　　　C. 20042 580　　　　D. 20041 703

5. 有下列程序段：

```
struct st
{ int x;int *y;}*pt;
int a[ ]={1,2},b[ ]={3,4};
struct st c[2] = {10,a,20,b};
pt=c;
```

下列选项中表达式的值为 11 的是(   )。

    A. *pt->y   B. pt->x   C. ++pt->x   D. (pt++)->x

6. 有下列程序:

```
main( )
{ union{  char ch[2];
        int d;
      }s;
  s.d=0x4321;
  printf("%x,%x\n",s.ch[0],s.ch[1]);
}
```

在 16 位编译系统上,程序执行后的输出结果是(   )。

    A. 21,43   B. 43,21   C. 43,00   D. 21,00

7. 有下列结构体说明、变量定义和赋值语句:

```
struct STD
{ char name[10];
   int age;
   char sex;
} s[5],*ps;
ps=&s[0];
```

则下列 scanf 函数调用语句中错误引用结构体变量成员(   )。

    A. scanf("%s",s[0].name);   B. scanf("%d",&s[0].age);

    C. scanf("%c",&(ps->sex));   D. scanf("%d",ps->age);

8. 若有下列定义和语句:

```
union data
{ int i; char c; float f; } x;
int y;
```

则下列语句正确的是(   )。

    A. x=10.5;   B. x.c=101;   C. y=x;   D. printf("%d\n",x);

9. 设有下列定义:

```
union data
{int d1; float d2;}demo;
```

则下列叙述中错误的是(   )。

    A. 变量 demo 与成员 d2 所占的内存字节数相同

    B. 变量 demo 中各成员的地址相同

    C. 变量 demo 和各成员的地址相同

    D. 若给 demo.d1 赋 99 后,demo.d2 中的值是 99.0

10. 有以下程序:

```
# include <stdio.h>
```

```
# include <string.h>
struct A
  { int a; char b[10]; double c;};
    struct A f(struct A t);
    main()
    { struct A a={1001,"ZhangDa",1098.0};
      a=f(a); printf("%d,%s,%6.1f\n",a.a,a.b,a.c);
    }
    struct A f(struct A t)
    { t.a=1002; strcpy(t.b,"ChangRong");t.c=1202.0;return t;}
```
程序运行后的输出结果是(　　)。

　A. 1001,ZhangDa,1098.0　　　　　　B. 1002,ZhangDa,1202.0

　C. 1001,ChangRong,1098.0　　　　　D. 1002,ChangRong,1202.0

二、填空题

1. 给定程序中已经建立一个带头节点的单向链表，链表中的各节点按节点数据域中的数据递增有序链接。函数 fun 的功能是：把形参 x 的值放入一个新节点并插入到链表中，插入后各节点数据域的值仍保持递增有序。请在程序的下划线处填入正确的内容。

```
typedef struct list
{ int data;
  struct list *next;
} SLIST;
void fun( SLIST *h, int x)
{ SLIST *p, *q, *s;
  s=(SLIST *)malloc(sizeof(SLIST));
  s->data=_____;
  q=h;
  p=h->next;
  while(p!=NULL && x>p->data)
  { q=_____;
    p=p->next;
  }
  s->next=p;
  q->next=_____;
}
```

2. 程序通过定义学生结构体数组，存储了若干名学生的学号、姓名和 3 门课的成绩。函数 fun 的功能是将存放学生数据的结构体数组，按照姓名的字典序(从小到大)排序。请在程序的下划线处填入正确的内容。

```
typedef struct student
{ long sno;
```

176

```
    char  name[10];
    float  score[3];
};
void fun(struct student  a[], int  n)
{  _____  t;
    int  i, j;
    for (i=0; i<_____; i++)
    for (j=i+1; j<n; j++)
      if (strcmp(_____) > 0)
      {  t = a[i];   a[i] = a[j];   a[j] = t;  }
}
```

3. 给定程序的功能是调用 fun 函数建立班级通讯录。通讯录中记录每位学生的编号、姓名和电话号码。班级的人数和学生的信息从键盘读入，每个人的信息作为一个数据块写到名为 myfile5.dat 的二进制文件中。

```
    typedef  struct
    {  int  num;
        char  name[10];
        char  tel[10];
    }STYPE;
    void check();
    int fun(_____ *std)
    {  _____ *fp;     int  i;
        if((fp=fopen("myfile5.dat","wb"))==NULL)
        return(0);
        printf("\nOutput data to file !\n");
        for(i=0; i<N; i++)
          fwrite(&std[i], sizeof(STYPE), 1,_____);
        fclose(fp);
        return (1);
    }
```

4. 给定程序中，函数 fun 的功能是：在带头节点的单向链表中，查找数据域中值为 ch 的节点。找到后通过函数值返回该节点在链表中所处的顺序号；若不存在值为 ch 的节点，函数返回 0 值。

```
    typedef  struct  list
    {  int  data;
        struct list  *next;
    } SLIST;
    SLIST *creatlist(char  *);
    void outlist(SLIST  *);
```

177

```
int fun( SLIST *h, char ch)
{   SLIST *p;
    int n=0;
    p=h->next;
    while(p!=_____)
    {   n++;
        if (p->data==ch) return _____;
        else  p=p->next;
    }
    return 0;
}
main()
{  SLIST *head; int k; char ch;
   char  a[N]={ 'm', 'p', 'g', 'a', 'w', 'x', 'r', 'd'};
   head=creatlist(a);
   outlist(head);
   printf("Enter a letter:");
   scanf("%c",&ch);
   k=fun(_____);
     if (k==0)  printf("\nNot found!\n");
     else  printf("The sequence number is : %d\n",k);
}
```

5. 程序通过定义学生结构体变量，存储了学生的学号、姓名和 3 门课的成绩。函数 fun 的功能是将形参 a 中的数据进行修改，将修改后的数据作为函数值返回主函数进行输出。

例如：传给形参 a 的数据中，学号、姓名和 3 门课的成绩依次是：10001、"ZhangSan"、95、80、88，修改后的数据应为：10002、"LiSi"，96、81、89。

```
struct student
{   long sno;
    char name[10];
    float score[3];
};
_____ fun(struct student a)
{ int i;
  a.sno = 10002;
  strcpy(_____, "LiSi");
  for (i=0; i<3; i++) _____+= 1;
  return a;
}
```

178

三、编程题

1. 定义一个结构类型(包括学号、成绩)，并建立一个有序链表，编写一个函数能将参数中提供的学号和成绩按成绩高低顺序插入到该链表中。

2. 学生的记录由学号和成绩组成，N 名学生的数据已在主函数中放入结构体数组 s 中，请编写函数 fun，它的功能是：把指定分数范围内的学生数据放在 b 所指的数组中，分数范围内的学生人数由函数值返回。例如，输入的分数是 60 69，则应当把分数在 60～69 的学生数据进行输出，包含 60 和 69 分的学生数据。主函数中将把 60 放在 low 中，把 69 放在 high 中。

3. 某学生的记录由学号、8 门课程成绩和平均分组成，学号和 8 门课的成绩已在主函数中给出。请编写函数 fun，它的功能是：求出该学生的平均分放在记录的 ave 成员中。例如，学生的成绩是：85.5，76，69.5，85，91，72，64.5，87.5，他的平均分应当是：78.875。

4. 学生的记录由学号和成绩组成，N 名学生的数据已在主函数中放入结构体数组 s 中，请编写函数 fun，它的功能是：函数返回指定学号的学生数据，指定的学号在主函数中输入。若没找到指定学号，在结构体变量中给学号置空串，给成绩置-1，作为函数值返回。(用于字符串比较的函数式 strcmp)

5. 已有两个链表 a 和 b，编写函数将两者合并成一个链表并返回该链表的头指针。

第 10 章　编译预处理

在前面的章节中已经多次使用过以#号开头的命令，如包含命令#include，宏定义命令#define 等。在源程序中这些命令放在函数之外，而且一般都放在源文件的头部，它们称为预处理部分。预处理是指在语法扫描和词法分析之前所做的工作，是 C 语言的一个重要功能，由预处理程序负责完成。当对一个源文件进行编译时，系统将自动引用预处理程序对源程序中的预处理部分进行处理，处理完毕后自动进入对源程序的编译。

本章主要介绍 C 语言提供的预处理功能宏定义、文件包含和条件编译的定义与使用。为了与一般的 C 语句相区别，这些命令均以符号#开头。

10.1　宏　定　义

宏定义的功能是用一个标识符来表示一个字符串，标识符称为宏名。在编译预处理时，对程序中所有出现的宏名，都用宏定义中的字符串去代换，称为宏代换。在 C 语言中，宏分为有参和无参两种。

10.1.1　不带参数的宏定义

不带参数的宏定义的一般形式为：

`#define 标识符　字符串`

实际上我们前面已经介绍过的符号常量的定义就是一种无参宏定义，另外，还经常对程序中反复使用的表达式进行宏定义。例如：

`#define  M (x*x-2*x)`

它的作用是指在本程序文件中用指定的标识符 M 来代替表达式(x*x-2*x)，在编译预处理时，将程序中在该命令以后出现的所有 M 都用(x*x-2*x)。这种方法使用户能以一个简单的名字代替一个长的字符串。这个标识符称为"宏名"，将编译时将宏名替换为字符串的过程称为"宏展开"，#define 是宏定义命令。

【例 10.1】使用不带参数的宏定义。

```
#define M (x*x-2*x)
Void main()
{
    float x,y;
    printf("input a number: ");
    scanf("%f",&x);
    y=M*M+4*M;
```

```
    printf("%f\n",y);
}
```

注：

(1) 宏定义是用宏名来表示一个字符串，只是一种简单的代换，不作正确检查。

(2) 宏定义不是 C 语句，不必在行末加分号。

(3) 宏定义命令出现在程序中函数的外面，宏名的有效范围为定义命令之后到本源文件结束。如果要终止其作用域可使用#undef 命令，例如：

```
#define M 100
void main()
{
    ...
}
#undef M
f()
{
    ...
}
```

表示 M 的作用范围是 main 函数，在 f 函数中不再代换为 100。

(4) 在进行宏定义时，可以引用已经定义的宏名，可以层层置换。

(5) 宏定义一般习惯用大写字母来表示，以便与变量区别，但并非规定。

(6) 对程序中用引号括起来的宏名，即使与宏名相同，也不进行置换。

10.1.2 带参数的宏定义

C 语言中允许宏带有参数。在宏定义中的参数称为形式参数，在宏调用中的参数称为实际参数。对带参数的宏定义，在调用中，不仅要宏展开，而且要用实参去代换形参。

参数宏定义的一般形式为：

#define 宏名(形参表) 字符串

字符串中包含形参列表中的参数。例如：

```
#define M(x)  x*x-2*x
...
y=M(5);
```

在宏调用时，用实参 5 去代替形参 x，经预处理展开后的语句为：

```
y=5*5-2*5；
```

【例 10.2】使用带参数的宏定义。

```
#include <stdio.h>
#define S(x,y) x*y
void main()
{
    float area,a,b;
```

```
    printf("input two numbers\n: ");
    scanf("%f,%f",&a,&b);
    area=S(a,b);
    printf("%f\n",area);
}
```

赋值语句 area=S(a,b)经宏展开后为 area=a*b。

注意：

(1) 对带参数的宏的展开只是将语句中的宏名后面括号内的实参字符串代替#define 命令行中的形参。例如例 10.2 中有语句 S(a,b)，在展开时，找到#define 命令行中的 S(x,y)，将 S(a,b)中的实参 a，b 代替宏定义中的字符串 x*y 中的 x，y，得到 area=a*b，不会有什么问题。但是如果有以下语句：

```
    area=S(a+1,b);
```

这时把实参 a+1，b 代替 x*y 中的 x，y，得到

```
    area=a+1*b;
```

显然与程序设计者的原意不符，原意希望得到

```
    area=(a+1)*b;
```

为了得到这个结果在宏定义中，字符串内的形参通常要用括号括起来以避免出错。如将#define S(x，y) x*y 改为#define S(x，y) (x)*(y)。

(2) 宏定义中，宏名与带参数的括号之间不应加空格，否则将空格以后的字符都看作替代字符串的一部分。

(3) 在带参宏定义中，形式参数不分配内存单元，因此不必作类型定义。而宏调用中的实参有具体的值，要用它们去代换形参，因此必须作类型说明。在带参宏定义中，只是符号代换，不存在值传递的问题。

(4) 在宏定义中的形参是标识符，而宏调用中的实参可以是表达式。

10.2　文件包含

文件包含是指一个源文件可以将另外一个源文件的全部内容包含进来，它是 C 语言预处理程序的另一个功能。文件包含的一般形式为：

```
#include "文件名" 或#include <文件名>
```

文件包含命令的功能是把指定文件插入该命令行位置来取代该命令行，从而把指定文件和当前的源程序文件连成一个源文件。在程序设计中，许多公用的符号常量或宏定义等可单独组成一个文件，在其它文件的开头用包含命令包含该文件即可使用。这样，可以常用函数避免重复劳动，节省时间，并减少出错概率。

注意：

(1) #include "文件名"和#include <文件名>都是允许的，但是两种形式是有区别的，使用尖括号是指在包含文件目录中查找，而不在源文件所在目录查找；使用双引号则表示首先在当前的源文件所在目录中查找，若未找到再到包含目录中去查找。

(2) 一个#include 命令只能指定一个被包含的文件，如果要包含多个文件要用多个

182

#include 命令。

(3) 在一个被包含文件中可以包含另一个文件，也就是说文件包含可以嵌套。

(4) 如果文件 1 包含文件 2，而在文件 2 中要用到文件 3 的内容，则可在文件 1 中用两个#include 命令分别包含文件 2 和文件 3，并且文件 3 的包含应在文件 2 之前。

10.3 条 件 编 译

在 C 程序设计中预处理程序提供了条件编译的功能，使程序中一部分内容只在满足一定条件时才进行编译，这在程序移植和调试中非常有用，条件编译有以下形式。

1. 控制条件为常量表达式的条件编译

有以下几种形式：

(1) #if 常量表达式

    程序段

    #endif

其功能是常量表达式为非 0 时，编译程序段；否则，不编译。

(2) #if 常量表达式

  程序段 1

  #else

    程序段 2

  #endif

其功能是常量表达式为非 0 时，编译程序段 1；否则，编译程序段 2。

(3) #if 常量表达式 1

    程序段 2

  #elif 常量表达式 2

    程序段 2

      ……

  #elif 常量表达式 n

    程序段 n

  #else

    程序段 n+1

  #endif

2. 控制条件为定义标识符的条件编译

(1) #ifdef 标识符

    程序段

    #endif

其功能是如果标识符在该条件编译结构前已定义过时，编译程序段；否则，不编译。

(2) #ifdef 标识符

    程序段 1

  #else

```
    程序段 2
    #endif
```

其功能是当标识符在该条件编译结构前已定义过时，编译程序段 1；否则，编译程序段 2。

(3) `#ifndef    标识符`
```
    程序段 1
#else
      程序段 2
    #endif
```

其功能是当标识符在该条件编译结构前没有被#define 定义过时，编译程序段 1；否则，编译程序段 2。

【例 10.3】条件编译举例。

```
#define  inttag  1
main( )
{
    int  ch;
    scanf("%d", ch);
    #if  inttag
       printf("%d", ch);
    #else
       printf("%c", ch);
    #endif
}
```

因为 inttag 的值已经定义为 1，所以源程序被编译成：

```
main( )
{
    int  ch;
    scanf("%d", ch);
    printf("%d", ch);
}
```

10.4 典型例题

【例 10.4】下列程序的输出结果是(   )。

```
#define   P 3
void   F(int x){ return(P*x*x); }
main( )
{ printf("%d\n", F(3+5)); }
```

A. 192   B. 29   C. 25   D. 编译出错

184

程序分析：在宏定义中 P 的值为 3，因此函数 F(x)的返回值为 3*x*x，printf 函数输出的是一个表达式的值，因此这个表达式必须存在一个确切的值，而函数 F 的返回值为空，所以编译时会出错，函数 F 的返回值应该为 int。此题答案为 D。

【例 10.5】有下列程序：

```
#define  f(x)  x*x
main( )
{ int i1, i2;
 i1=f(8)/f(4);
 i2=f(4+4)/f(2+2);
 prinft("%d, %d\n", i1, i2);
}
```

程序运行后的输出结果是( )。

A. 64，28　　　　　　B. 4，4　　　　　　C. 4，3　　　　　　D. 64，64

程序分析：在宏定义中参数是标识符，而宏调用中的参数可以是表达式，这时宏定义中的形参最好用括号括起来，以避免出错。如上例中 f(8)/f(4)实际上是想得到(8*8)/(4*4)的值，但是因为宏定义中形参没有加括号，而使得 f(8)/f(4)的结果为 8*8/4*4，值为 64，同理 f(4+4)/f(2+2)的结果为 4+4*4+4/2+2*2+2，值为 28，所以答案为 A。所以上例中要想得到正确的结果，宏定义为#define f(x) (x)*(x)。

习　题

一、选择题

1. 下列叙述中正确的是( )。

　　A. 预处理命令行必须位于源文件的开头

　　B. 在源文件的一行上可以有多条预处理命令

　　C. 宏名必须用大写字母表示

　　D. 宏替换不占用程序的运行时间

2. 下列叙述错误的是( )。

　　A. C 语言源程序经编译后生成后缀为.obj 的目标程序

　　B. C 程序经过编译、连接步骤之后才能形成一个真正可执行的二进制机器指令文件

　　C. 用C 语言编写的程序称为源程序，它以ASCII代码形式存放在一个文本文件中

　　D. C 语言中的每条可执行语句和非执行语句最终都将被转换成二进制的机器指令

3. 下列叙述正确的是( )。

　　A. 预处理命令行必须位于C 源程序的起始位置

　　B. 在C语言中，预处理命令行都以#开头

　　C. 每个C程序必须在开头包含预处理命令行：#include<stdio.h>

　　D. C 语言的预处理不能实现宏定义和条件编译的功能

4. 下列叙述错误的是(　　)。

A. 计算机不能直接执行用C语言编写的源程序

B. C程序经C编译程序编译后，生成后缀为.obj 的文件是一个二进制文件

C. 后缀为.obj的文件，经连接程序生成后缀为.exe的文件是一个二进制文件

D. 后缀为.obj和.exe的二进制文件都可以直接运行

5. 若程序中有宏定义行：#define N 100，则下列叙述正确的是(　　)。

A. 宏定义行中定义了标识符N的值为整数100

B. 编译程序对C源程序进行预处理时用100 替换标识符N

C. C源程序进行编译时用100替换标识符N

D. 在运行时用100替换标识符N

6. 以下叙述中错误的是(　　)。

A. 在程序中凡是以#开始的语句行都是预处理命令行

B. 预处理命令行的最后不能以分号表示结束

C. #define MAX是合法的宏定义命令行

D. C 程序对预处理命令行的处理是在程序执行的过程中进行的

7. 以下关于宏的叙述正确的是(　　)。

A. 宏名必须用大写字母表示

B. 宏定义必须位于源程序中所有语句之前

C. 宏替换没有数据类型限制

D. 宏调用比函数调用耗费

二、问答题

1. 预处理的功能是什么？

2. 带参宏定义与不带参宏定义的区别与联系。

3. 条件编译的作用是什么？

三、编程题

1. 输入两个整数，求它们的相除的余数。用带参数的宏来实现。

2. 请设计输出实数的格式，实数用"%5.3f"个数输出。要求：(1)一行输出 1 个实数；(2)一行输出 2 个实数。

3. 分别用函数和带参数的宏，从 3 个数中找出最大数。

4. 输入一行字母字符，根据需要设置条件编译，使之能将字母全改为大写输出，或全改为小写字母输出。

第 11 章 位 运 算

程序中所有的数据在内存中都是以二进制的形式存储的，位运算就是直接对内存中的二进制位进行运算。C 语言提供了常用的位运算功能，虽然不如汇编语言丰富，但这使得 C 语言也能像汇编语言一样用来编写系统程序。

在 C 语言中，位运算的运算对象只能是整型或字符型数据。本章主要介绍位运算符及其应用。

11.1　位 运 算 符

C 语言提供了六种位运算符，如表 11.1 所列。

表 11.1　位运算符

运 算 符	含 义	表达式举例	优 先 级
~	按位取反	~a	1(高)
<<	左移	a<<2	2
>>	右移	a>>2	2
&	按位与	a&b	3
^	按位异或	a^b	4
|	按位或	a|b	5(低)

以上运算符只有取反运算符~为单目运算，其余为双目运算符。双目运算符与赋值运算符结合又组成了 5 种扩展的赋值运算符，见表 11.2。

表 11.2　扩展的赋值运算符

扩展运算符	含 义	表达式举例	与之等价的表达式
<<=	左移	a<<=n	a=a<<n
>>=	右移	b>>=n	b=b>>n
&=	按位与	a&=b	a=a&b
^=	按位异或	a^=b	a=a^b
|=	按位或	a|=b	a=a|b

11.2　位运算的应用

本节将介绍各种位运算符的基本功能及其应用方法。为提高二进制数据的可读性，本书采用 4 位一体的书写方式，即二进制数 00010110 写作：0001 0110。

1. 按位与运算符&

按位与运算符"&"是双目运算符。其功能是参与运算的两数对应二进位相与，即两个二进位均为 1 时，结果位才为 1，否则为 0。其使用格式为：

x&y

例如，表达式 3&9 的运算过程如下(3、9 对应的二进制分别为 0000 0011 和 0000 1001)：

```
  0000 0011
& 0000 1001
```
　　0000 0001　　　　　　　　　　　即表达式 3&9 运算结果为 1(十进制数)。

测试程序如下：

```
void main()
{
int a=3, b=9, c;
c=a&b;
printf("a=%d, b=%d, c=%d", a, b, c);
}
```

程序运行结果：

a=3, b=9, c=1

&的主要用途：通常用来对一个数的某些位清 0 或保留某些位。如果某些位需要清 0，则该数与一个对应的清 0 位为 0，其余位为 1 的数相与；如果要保留某些位，则将该数与一个对应保留位为 1，其余位为 0 的数相与。例如，把短整型变量 x 的高 8 位清 0，保留其低 8 位，可作 x&255 运算(255 的二进制数为 0000000011111111)。

2. 按位或运算符|

按位或运算符|是双目运算符。其功能是参与运算的两数对应的二进位相或，即对应的两个二进位有一个为 1 时，结果位就为 1，否则为 0。其使用格式为：

x | y

例如，表达式 3|9 的运算过程如下：

```
  0000 0011
| 0000 1001
```
　　0000 1011　　　　　　　　　　　即表达式 3|9 运算结果为 11(十进制数)。

测试程序如下：

```
void main()
{
int a=3, b=9, c;
c=a|b;
printf("a=%d, b=%d, c=%d", a, b, c);
}
```

程序运行结果：

a=3, b=9, c=11

188

|的主要用途：通常用来对一个数中的某些位置 1。即将该数与一个对应置 1 位为 1，其余位为 0 的数相或。例如，若想使短整型变量 x 中低 4 位置 1，其它位保持不变，可采用表达式：x = x|15(15 的二进制数为 0000 0000 0000 1111)。

3. 按位异或运算符^

按位异或运算符^是双目运算符。其功能是参与运算的两数对应的二进位相异或，即对应的两个二进位不同则结果为 1，否则为 0。其使用格式为：

x^y

例如，表达式 3^9 的运算如下：

```
  0000 0011
^ 0000 1001
-----------
  0000 1010
```
即表达式 3^9 运算结果为 10(十进制数)。

测试程序如下：

```
void main()
{
int a=3, b=9, c;
c=a^b;
printf("a=%d, b=%d, c=%d", a, b, c);
}
```

^的主要用途：通常用来对一个数中的某些位取反(即 1 变 0，0 变 1)。即将该数与一个对应取反位为 1，其余位为 0 的数相异或。例如：若想使短整型变量 x 中高 8 位取反，其它位保持不变，可采用表达式：x = x|15(15 的二进制数为 1111 1111 0000 0000)。

4. 取反运算符~

取反运算符"~"为单目运算符，具有右结合性。其功能是对参与运算的数对应的二进位按位取反，即二进位上的 0 变 1，1 变 0。其使用格式为：

~x

例如，表达式~9 的运算如下：

~0000 0000 0000 1001   结果为：1111 1111 1111 0110

~的主要用途：通常用来对一个数按位取反(即 1 变 0，0 变 1)。

5. 左移运算符<<

左移运算符<<是双目运算符。其使用格式为：

x<<n

其功能为：将 x 左移 n 位，高位丢弃，低位补 0。参与运算的数以补码方式出现。

例如，若想使短整型变量 x 左移 2 位，即通过 x<<2 运算把 x 的各二进位向左移动 2 位。如 x=0000 0000 0000 0110(十进制 6)，左移 2 位后为 0000 0000 0001 1000(十进制 24)。

<<的主要用途：左移时，每左移一位，相当于移位对象乘以 2。某些情况下，可以利用左移的这一特性代替乘法运算，以加快乘法速度。但如果正整数左端移出后最高位变为 1 或移出部分包含有效数值 1，或对于负整数左端移出后最高位变为 0 或移出部分包含数值 0，或对于无符号整数移出部分包含有效数值 1，这一特性就不再适用了。

6. 右移运算符>>

右移运算符"＞＞"是双目运算符。其使用格式为：

x>>n

其功能为：将 x 右移 n 位，低位丢弃，对于无符号整数和正整数，高位补 0；对于负整数，最高位是补 0 或是补 1 取决于编译系统的规定，VC++ 6.0 规定为高位补 1。参与运算的数以补码方式出现。

例如，x>>2 指把 x 的各二进位向右移动 2 位。如 x=0001 0000(十进制 16)，右移 2 位后为 0000 0100(十进制 4)；若 x=1111 0000(作为带符号数时为十进制-16)，右移 2 位后为 1111 1100(十进制-4)；若 x=1111 0000(作为无符号数时为十进制 240)，右移 2 位后为 0011 1100(十进制 60)。

>>的主要用途：右移时，若右端移出的部分不包含有效数值 1，则每右移一位，相当于移位对象除以 2。某些情况下，可以利用右移的这一特性代替除法运算。如果右端移出的部分包含有效二进制数 1，这一特性就不适用了。

注意：位数不同的运算数之间的运算规则：当两个运算数类型不同时位数亦会不同。遇到这种情况，系统将自动进行如下处理：

(1) 先将两个运算数右端对齐。

(2) 再将位数短的一个运算数往高位扩充，即无符号数和正整数左侧用 0 补全，负数左侧用 1 补全，然后对位数相等的这两个运算数按位进行位运算。

11.3　典型例题

【例 11.1】有以下程序：

```
#include <stdio.h>
void main()
{   int a=5, b=1, t;
    t=(a<<2)|b;  printf("%d\n", t);
}
```

程序运行后的输出结果是(　　　　)。

A. 21　　　　　　　B. 11　　　　　　　C. 6　　　　　　　D. 1

程序分析：<<和|都是位运算符，因此要将运算数转换为二进制后运算。a 值为 5，转换为二进制为(0000 0101)。<<为左移运算符，移位规则为高位丢弃，低位补 0，因此(a<<2)的结果为(0001 0100)；|是按位或运算符，规则为一个位为 1 时，结果位就为 1，否则为 0，因此(0001 0100)与 b 中值(0000 0001)按位或的结果为(0001 0101)，换算为十进制为 21，因此选项 A 是正确答案。

习　题

一、选择题

1. 有以下程序段：

```
char x = 040;
```

```
printf("%d\n", x =x<<1);
```
该程序段执行后的输出结果是(   )。

  A. 100   B. 160   C. 120   D. 64

  2. 设有定义语句:

    char a=3, b=6, c;

    则执行赋值语句 c = a^b<<2; 后变量 c 中的二进制值是(   )。

    A. 00011011   B.00010100   C.00011100   D.00011000

  3. 变量 a 中的数据用二进制进表示的形式是 01011101, 变量 b 中的数据用二进制表示的形式是 11110000, 若要求将 a 的高 4 位取反, 低 4 位不变, 所要执行的运算是(   )。

    A. a*b   B. ab   C. a&b   D. a<<4

  4. 有以下程序:

```
#include<stdio.h>
void main(  )
{  short int  a=5, b = 6, c=7, d=8, m=2, n=2;
printf  ("%d\n", (m =a>b)&(n=c>d));
}
```

  程序运行后的结果是(   )。

    A. 0   B. 1   C. 2   D. 3

二、填空题

1. 设变量 x 的二进制数是 00101101, 若想通过运算 x^n 使 x 的高 4 位取反, 低 4 位不变, 则 n 的二进制数是＿＿＿＿＿＿＿＿。

2. a 为任意整数, 能将变量 a 清 0 的表达式是＿＿＿＿＿＿＿＿(用位运算实现)。

3. a 为八进制数 0101, 能将变量 a 中的各二进制位均置成 1 的表达式是＿＿＿＿＿＿＿＿。

4. 运用位运算, 能将字符型变量 ch 中大写字母转换成小写字母的表达式是＿＿＿＿＿＿＿＿。

第 12 章　文　件

前面章节中的程序所涉及的输入、输出都是针对标准输入、输出设备而言的。每次运行程序，都需要人工从键盘上输入数据，输出的数据只能在显示器上显示，而不能长期保存，这显然不满足用户的一些实际需求。针对数据不能长期保存问题，C 语言提供了相应的库函数来完成对文件的读写操作。本章主要介绍文件的基本概念，以及与文件相关的打开、关闭、检测及读写函数的使用。

12.1　文件的基本概念

所谓"文件"是指一组存储在外部介质上的数据的有序集合。这个数据集有一个名称，叫做文件名。前面曾经使用的源程序文件、目标文件、可执行文件、库文件(头文件)等都是文件。文件通常是驻留在外部介质(如磁盘等)上，使用时才调入内存中。从不同的角度，可以对文件进行不同分类：

(1) 按文件所依附的介质分：卡片文件、纸带文件、磁带文件、磁盘文件等。

(2) 按文件内容分：源文件、目标文件、数据文件等。

(3) 按文件中数据组织形式分：字符文件和二进制文件。

字符文件通常又称为 ASCII 码文件或文本文件，这种文件在磁盘中存放时用一个字节存放一个字符所对应的 ASCII 码。例如，整数 4321 的存储形式为：

0011 0100 0011 0011 0011 0010 0011 0001

存储时，将十进制数 1234 看做 4、3、2、1 四个字符，将其对应的 ASCII 码值，即 52、51、50、49 存储到文件中。ASCII 码文件可在屏幕上按字符显示，因此，其优点是具有可读性，便于处理逐个字符，但缺点是占用存储空间较多。

二进制文件是按二进制的编码方式来存放文件的。例如，数 4321 的存储形式为：

0001 0000 1110 0001

存放时，只占 2 个字节。

C 系统在处理这些文件时，并不区分类型，都看成是字符流，按字节进行处理。输入/输出字符流的开始和结束只由程序控制而不受物理符号(如回车符)的控制，也把这种文件称为"流式文件"。其优点是节省存储空间，但缺点是不具有可读性(二进制文件虽然也可在屏幕上显示，但其内容无法读懂)。

(4) 按用户分：普通文件和设备文件。

普通文件是指驻留在磁盘或其它外部介质上的一个有序数据集，可以是源文件、目标文件、可执行程序；也可以是一组待输入处理的原始数据，或者是一组输出的结果。对于源文件、目标文件、可执行程序可以称为程序文件，对输入/输出数据可称作

192

数据文件。

设备文件是指与主机相连的各种外部设备，如显示器、打印机、键盘等。在操作系统中，把外部设备也看作是一个文件来进行管理，把它们的输入/输出等同于对磁盘文件的读和写。通常把显示器定义为标准输出文件，一般情况下在屏幕上显示有关信息就是向标准输出文件输出。如前面经常使用的 printf 和 putchar 函数就是这类输出。键盘通常被指定为标准的输入文件，从键盘上输入就意味着从标准输入文件上输入数据。scanf 和 getchar 函数就属于此类输入。

在程序中，当调用输入函数从外部文件中输入数据赋给程序中的变量时，这种操作称为"输入"或"读"；当调用输出函数把程序中变量的值输出到外部文件中时，这种操作称为"输出"或"写"。

C 语言中，对于输入或输出的数据都按"数据流"的形式进行处理，也就是说，输出时，系统不添加任何信息；输入时，逐一读入数据，直到遇到 EOF 或文件结束标志就停止。C 程序中的输入/输出文件都是以数据流的形式存储到介质上。对文件的输入/输出方式也称为"存取方式"。C 语言中，对文件的存取方式有两种：顺序存取和直接存取。

顺序存取文件的特点是：每当"打开"这类文件，进行读或写操作时，总是从文件的开头开始，从头到尾顺序地读或写。也就是说，当顺序存取文件时，要读第 n 个字节，先要读取前 n-1 个字节，而不能一开始就读到第 n 个字节；要写第 n 个字节时，先要写前 n-1 个字节。

直接存取文件又称随机存取文件，其特点是：可以通过调用指定开始读或写的字节号，然后直接对此位置上的数据进行读，或把数据写到此位置上。

ANSI 标准规定，在对文件进行输入或输出操作时，系统将为输入或输出文件开辟缓冲区。所谓"缓冲区"，是系统在内存中为各文件开辟的一片存储区。当对某文件进行输出时，系统首先把输出的数据填入为该文件开辟的缓冲区内，每当缓冲区被填满时，就把缓冲区中的内容一次性地输出到对应文件中；当从某文件输入数据时，首先从输入文件中输入一批数据存放到该文件的内存缓冲区中，输入语句将从该缓冲区中依次读取数据，当该缓冲区中的数据读完时，再从输入文件中输入一批数据放入其中。这种方式使得读或写操作不必频繁地访问外设，从而提高了读写操作的速度。

12.2 文件的基本操作函数

在 C 语言中，指向文件的指针变量称为文件指针变量。文件指针变量实际上是指向一个名为 FILE 的结构体类型的指针变量。FILE 结构体包含缓冲区的地址、缓冲区中当前存取字符的位置、"读"或"写"标志、是否出错标志、文件结束标志等信息。FILE 结构体已经在 stdio.h 头文件中进行了定义，用户不必深究其细节。定义文件类型指针变量的一般格式为：

FILE *指针变量名

注意：FILE 均为大写字母。

例如：FILE *fp1, *fp2;

fp1 和 fp2 均被定义为指向文件类型的指针变量，简称文件指针。

要对一个文件进行读写操作，必须先打开该文件，操作完毕后要关闭该文件。所谓打开文件，实际上是建立指针与文件之间的联系，以便进行读写等操作。关闭文件则是断开指针与文件之间的联系，禁止再对该文件进行读写操作。

12.2.1 文件打开函数 fopen

fopen 函数的函数原型为：

```
FILE * fopen(const char * filename, const char * type)
```

其功能为将文件 filename 以 type 指定的方式打开，并返回一个文件指针。type 是指打开文件的方式，C 语言中提供了 12 种，具体的符号和意义如表 12.1 所列。例如：

```
FILE *fp;
fp=("file1.txt", "r");
```

其功能是以只读方式打开打开当前目录下的文本文件 **file1.txt**，并使 fp 指向该文件。再例如：

```
FILE *fp2
fp2=("c:\\file2.dat", "rb")
```

其功能是以只读方式打开 C 盘根目录下的二进制文件 **file2.dat**。两个反斜杠\中的第一个表示转义字符，第二个表示根目录。

表 12.1 文件的打开方式

文件使用方式	意 义
r 或 rt	只读打开一个文本文件，只允许读数据
w 或 wt	只写打开或建立一个文本文件，只允许写数据
a 或 at	追加打开一个文本文件，并在文件末尾写数据
rb	只读打开一个二进制文件，只允许读数据
wb	只写打开或建立一个二进制文件，只允许写数据
ab	追加打开一个二进制文件，并在文件末尾写数据
r+或 rt+	读写打开一个文本文件，允许读和写
w+或 wt+	读写打开或建立一个文本文件，允许读写
a+或 at+	读写打开一个文本文件，允许读，或在文件末追加数据
rb+	读写打开一个二进制文件，允许读和写
wb+	读写打开或建立一个二进制文件，允许读和写
ab+	读写打开一个二进制文件，允许读，或在文件末追加数据

其中：

(1) 文件使用方式由 r、w、a 和 t、b 及+三种类型的字符组合而成。各字符的含义是：

r(read)：读

w(write)：写

a(append):追加

194

t(text)：文本文件，可省略不写

b(banary)：二进制文件

+：读和写

(2) 凡用 r 打开一个文件时，该文件必须已经存在，且只能从该文件读出。

(3) 用 w 打开的文件只能对该文件进行写操作。若要打开的文件不存在，则以指定的文件名建立一个新文件；若要打开的文件已经存在，则将原文件删除，重建一个新文件。

(4) 用 a 方式打开文件是要向一个已存在的文件追加新的信息。此时，该文件必须存在，否则将会出错。

(5) 打开一个文件时，如果出错，fopen 将返回一个空指针值 NULL。在程序中可以用来判断文件是否被成功打开。例如：

```
if((fp =fopen("d:\\file1.txt", "r"))==NULL)
{ printf ("Cannot open this file!\n");
   exit(0);      /*注意：使用 exit 函数时，必须包含 stdlib.h 头文件*/
}
```

此程序段的功能是：如果文件打开出现错误，则输出提示信息"Cannot open this file!"。

12.2.2　文件关闭函数 fclose

当文件被打开，对其进行写操作时，若缓冲区未满，则不会将缓冲区中的内容写入打开的文件中，从而会导致数据丢失。因此，文件一旦使用完毕，应及时关闭。关闭文件可调用库函数 fclose 实现，其函数原型如下：

```
int fclose(FILE *fp)
```

例如：

```
fclose(fp1);
```

其功能为关闭 fp1 所指向的文件。如果函数返回值为 0，表示成功关闭了文件；如果返回非 0 值，则表示有错误发生。例如：

```
if(fclose(fp1)==0)
{
    printf("\n File has been closed successfully!\n");
}
else
    printf("\n File can not be closed ! ");
```

12.2.3　文件检测函数

C 语言中常用的文件检测函数有以下几个。

(1) 文件结束检测函数 feof。feof 函数原型：

```
int feof(FILE *fp)
```

功能：判断文件是否处于结束位置，若处于文件结束位置，则返回值为 1(EOF)，否则为 0。EOF 是在 stdio.h 库函数文件中定义的符号常量，其值等于-1。

(2) 读写文件出错检测函数 ferror。ferror 函数原型：

```
int ferror(FILE *fp)
```

功能：检查文件在用各种输入输出函数进行读写时是否出错。若返回值为 0 表示未出错，否则表示有错。

(3) 文件出错标志和文件结束标志置 0 函数 clearerr。clearerr 函数原型：

```
void clearerr(FILE *fp)
```

功能：本函数用于清除出错标志和文件结束标志，使之为 0 值。

12.2.4 文件的读写操作

在 C 语言中提供了多种文件读写函数，下面分别予以介绍。

1. 字符读写函数 fgetc 和 fputc

字符读、写函数 fgetc 和 fputc 是以字符(字节)为单位的读写函数。每次可从文件读出或向文件写入一个字符。

fputc 的函数原型为：

```
int fputc(int ch, FILE *fp)
```

其功能为将 ch 中的值写入到 fp 所指的文件中。如果输出成功，putc 函数返回所输出的字符；如果输出失败，则返回一个 EOF 值。

fgetc 的函数原型为：

```
int fgetc(FILE *fp)
```

其功能为从 fp 指定的文件中获取一个字符，并由函数返回。如果遇到文件结束符 EOF，则函数返回-1。

fputc、fgetc 函数的调用形式和功能与 putc、getc 函数完全相同。

【例 12.1】编程实现，从键盘输入字符原样输出到名为 file1.dat 的文件中，用字符 @作为键盘输入结束标志。

程序分析：算法描述如下：

(1) 打开文件。

(2) 从键盘输入一个字符。

(3) 判断输入的字符是否是@。若是，结束循环，执行步骤(7)。

(4) 把刚输入的字符输出到指定的文件中。

(5) 从键盘输入一个字符。

(6) 重复步骤(3)~(5)。

(7) 关闭文件。

```
#include<stdio.h>
#include<stdlib.h>
void main( )
{    FILE *fp1;
     char ch;
     if((fp1=fopen("file1.dat","w"))= =NULL)
```

```
      { printf("Can't open this file!\n"); exit(0); }
      ch=getchar( );
      while( ch!='@')
      {
            fputc(ch, fp1);
            ch =getchar();
      }
      fclose(fp1);
}
```

【例 12.2】把一个已存在磁盘上的 **file1.dat** 文本文件中的内容原样输出到终端屏幕上。

程序分析：算法描述如下：

(1) 打开文件。

(2) 从指定文件中读入一个字符。

(3) 判断读入的是否是文件结束标志。若是，结束循环，执行步骤(7)。

(4) 把刚输入的字符输出到终端屏幕。

(5) 从文件中再读入一个字符。

(6) 重复步骤(3)～(5)。

(7)关闭文件。

```
#include< stdio.h>
#include<stdlib.h>
void main()
{   FILE *fp2;
    char  ch;
    if(fp2=fopen("file_a.dat", "r"))= =NULL)
    {   printf ("Can't open this file!\n");exit (0);}
    ch=fgetc(fp2);      //先执行一次读操作，然后才能判断文件是否结束
    while(ch!=EOF)
    {
      putchar(ch);
      ch=fgetc(fp2);
    }
    fclose(fp2);
}
```

2. 字符串读写函数 fgets 和 fputs

fgets 函数的原型为：

```
char * fgets(char *str, int n, FILE * fp)
```

其功能为从 fp 指定的文件中读出一个长度为 n-1 的字符串，并放入以 str 为首地址的内存中。如果在未读满 n-1 个字符时，已读到一个换行符或一个 EOF(文件结束标志)，则结束本次读操作，读入的字符串包含最后读到的换行符。因此，确切地说，调用 fgets

函数时，最多只能读入 n-1 个字符。读入结束后，系统将自动在最后加'\0'，并以 str 的地址值作为函数值返回。

【例 12.3】 从 file1.txt 文件中读入一个含 20 个字符的字符串。

```
#include <stdio.h>
void main()
{
FILE *fp;
char str[21];
if((fp=fopen("file1.txt","rt"))==NULL)
{
    printf("Can not open files !\n Press any key to exit! ");
    exit(0);
}
fgets(str,21,fp);
printf("%s",str);
fclose(fp);
}
```

本例定义了一个字符数组 str 共 21 个字符，在以读文本文件方式打开文件 file1.txt 后，从中读出 20 个字符送入 str 数组，在数组最后一个单元内将加上"\0"，然后在屏幕上显示输出 str 数组。

fputs 函数的原型为：

```
int *fputs(const char *str, FILE * fp)
```

其功能为将 str 为首地址的字符串输出到 fp 所指向的文件中，其中字符串中最后的结束标志'\0'并不输出到文件中。输出成功则返回写入文件的字符个数，否则为-1(EOF)。

注意：调用函数输出字符串时，文件中各字符串将首尾相接，它们之间将不存在任何间隔符。为了便于写入，在输出字符串时，应当注意人为地加入诸如'\n'这样的转义字符。

3. 数据块读写函数 fread 和 fwrite

C 语言还提供了用于整块数据的读写函数，可用来读写一组数据，如一个数组中的若干元素，一个结构体变量的若干值等。读数据块函数原型为：

```
unsigned int fread(void *ptr, unsigned int size, unsigned int count, FILE *fp)
```

其功能为从 fp 指定的文件中读取 count 个长度为 size 个字节的数据项，并将其存入由 ptr 所指定的内存空间中。

写数据块函数原型为：

```
unsigned int fwrite(const void *ptr, unsigned int size, unsigned int count,
FILE *fp)
```

其功能为从 ptr 指定的内存中取出 count 个字节数为 size 的数据项，并将其写入到 fp 所指定的文件中。

例如，有以下结构体：

```
struct student
{ char num[8];
  float score[5];
  float sum;
}stu[50];
```

假设 stu 数组的每个元素包含有学生的学号、5 门课的成绩和总分，stu 数组的 50 个元素中都已存放了数据，文件指针 fpout 所指文件都已正确为"写"而打开，则执行以下循环后，完成了把这 50 个学生成绩信息输出到 fpout 所指文件中：

```
for(i=0;i<50;i++)
  fwrite(&stu[i], sizeof(struct student), 1, fpout);
```

以上 for 循环中，每执行一次 fwrite 函数调用，就从&stu[i]地址开始输出由第三个参数指定的"1"个数据块，每个数据块含有 sizeof(struct student)个字节，也就是一次性整体输出一个结构体变量中的值。

假设文件已正确为"读"而打开。也可以从文件中将每个学生的数据逐个读入到 stu 数组中：

```
i=0;
do
{ fread(&stu[i], sizeof(struct student), 1, fpin);
  i++;
}while(!feof(fpin));
```

4. 格式化读写函数 fscanf 和 fprintf

fscanf 函数和 fprintf 函数与前面使用的 scanf 和 printf 函数的功能相似，都是格式化读写函数。两者的区别在于 fscanf 函数和 fprintf 函数的读写对象不是键盘和显示器，而是磁盘文件。这两个函数的调用格式为：

```
fscanf(文件指针，格式字符串，输入列表)
fprintf(文件指针，格式字符串，输出列表)
```

fscanf 函数只能从文本文件中按格式输入，而 fprintf 函数按格式将内存中的数据转换成对应的字符，并以 ASCII 代码形式输出到文本文件中。注意：为了以后便于读入，数据之间应该用空格隔开。同时为了以后便于读入，最好不要输出附加的其它字符串。

一般的情况下，stdin 是键盘输入，stdout 是屏幕输出。例如，语句：fprintf(stdout, "%d%d", x, y);等价于 printf("%d%d", x, y);

5. 文件的随机读写

前面介绍的对文件读写的方式都是顺序读写，即读写文件只能从文件头部开始，顺序读写各个数据。但在实际问题中常常要求只读写文件中某一指定的部分。为了解决此类问题，首先需要移动文件内部的文件位置指针到要进行读写的位置，然后利用上面介绍的读写函数进行读写，这种读写称为随机读写。因此，实现随机读写的关键是将文件位置指针移动到指定位置，即文件位置指针的定位。

"文件位置指针"和前面的"文件指针"是两个不同的概念。文件指针是指在程序中定义的 FILE 类型的变量，通过 fopen 函数调用给文件指针赋值，使文件指针和某个文件建立起联系。而文件位置指针表示文件中将要进行读、写的位置。当通过 fopen 函数打开文件时，文件位置指针总是指向文件的开头，即第一个数据之前。当文件位置指针指向文件末尾时，表示文件已经结束。进行读操作时，从文件位置指针所指位置开始，去读其后的数据，然后位置指针移到下一个位置，以备指示下一次读或写的起始位置。进行写操作时，从文件位置指针所指位置开始去写，然后移到刚写入的数据之后，以备指示下一次读或写的起始位置。C 语言中提供了多个函数实现文件的随机操作。

(1) rewind 函数。rewind 函数的原型为：

```
void rewind(FILE *fp)
```

其功能为将 fp 所指文件的位置指针移到文件首。

(2) fseek 函数。fseek 函数的函数原型为：

```
int fseek(FILE *fp, long offset, int origin)
```

其功能为将 fp 所指定的文件中的位置指针从起始点 origin 移动 offset 个字节。起始点用以指定位移量是以哪个位置为基准，起始点既可以用标识符来表示，也可以用数字来表示。C 语言汇中规定的起始点有三种：文件首、当前位置和文件尾，其标识符和对应数字如表 12.2 所列。

表 12.2　代表文件位置指针起始点的标识符和对应的数字

起 始 点	表 示 符 号	数 字 表 示
文件首	SEEK_SET	0
当前位置	SEEK_CUR	1
文件末尾	SEEK_END	2

fseek 函数一般用于二进制文件。在文本文件中由于要进行转换，故往往计算的位置会出现错误。因此对于二进制文件，当位移量为正整数时，表示位置指针从指定的起始点向文件尾部方向移动；当位移量为负整数时，表示位置指针从指定的起始点向文件首部方向移动；对于文本文件，位移量必须是 0。

假设 pf 已指向一个文本文件，执行 fseek(pf, 0L, 0)后将使文件位置指针移到文件的开始，执行 fseek(pf, 0L, SEEK_END)后将使文件位置指针移到文件的末尾。

假设 pf 已指向一个二进制文件，执行 fseek(pf, 10L, SEEK_SET)后将使文件位置指针从文件的开头后移 10 个字节；执行 fseek (pf, -10L*sizeof(int), 1)后将使文件位置指针从文件当前位置前移 10 个 sizeof(int)字节。

文件的随机读写在移动位置指针之后，即可用前面介绍的任一种读写函数进行读写。由于一般是读写一个数据据块，因此常用 fread 和 fwrite 函数。

(3) ftell 函数。ftell 函数的原型为：

```
long ftell(FILE *fp)
```

其功能为返回文件当前位置指针的位置相对于文件开头的字节数。如果函数调用出错时，则函数返回-1L。

例如，当打开一个文件时，通常并不知道该文件的长度，可以通过以下函数调用求出文件的字节数：

```
long filelen;
fseek(fp, 0L, SEEK_END);          //把位置指针移到文件末尾
filelent=ftell(fp);               //求出文件中的字节数
```

12.3 典型例题

【例 12.4】有以下程序：
```
#include <stdio.h>
void main()
{
    FILE *fp; int a[10]={1, 2, 3}, i, n;
    fp=fopen("d1.dat", "w");
    for(i=0;i<3;i++) fprintf(fp, "%d", a[i]);
    fprintf(fp, "\n");
    fclose(fp);
    fp=fopen("d1.dat", "r");
    fscanf(fp, "%d", &n);
    fclose(fp);
    printf("%d\n", n);
}
```
程序运行结果是(   )。

A. 12300   B. 123   C. 1   D. 321

程序分析：fscanf 函数和 fprintf 函数与前面使用的 scanf 和 printf 函数的功能相似，都是格式化读写函数。fprintf(fp, "%d", a[i]);的作用是将 a[i]中的数据以整数的形式写入的 d1.dat 文件中，循环结束后，d1.dat 中的数据为：123，3 次输入之间没有任何的分隔符。而 fscanf(fp, "%d", &n);是以整数形式从 d1.dat 中读取一个数据存入变量 n 中，因此会将 123 看做一个整数读出来。因此，正确选项为 B。

【例 12.5】有以下程序：
```
#include <stdio.h>
main()
{
    FILE *fp;int a[10]={1, 2, 3, 0, 0}, i;
    fp=fopen("d2.dat", "wb");
    fwrite(a, sizeof(int), 5, fp);
    fwrite(a, sizeof(int), 5, fp);
    fclose(fp);
    fp=fopen("d2.dat", "rb");
    fread(a, sizeof(int), 10, fp);
    fclose(fp);
```

```
    for(i=0;i<10;i++)  printf("%d, ", a[i]);
}
```
程序运行结果是(   )。

A. 1，2，3，0，0，0，0，0，0，0

B. 1，2，3，1，2，3，0，0，0，0

C. 123，0，0，0，0，123，0，0，0，0，

D. 1，2，3，0，0，1，2，3，0，0

程序分析：fwrite 和 fread 是一对整块数据的读写函数，fwrite(a, sizeof(int), 5, fp); 是表示从数组名 a 所代表的起始地址开始，每次输出长度为 sizeof(int)即 4 个字节的数据项，共输出 5 个数据项，将它们写入到由 fp 所指定的磁盘文件中。因此，两条 fwrite(a, sizeof(int), 5, fp);是两次将数组 a 中的全部数据依次写入到 d2.dat 文件中。而 fread(a, sizeof(int), 10, fp);是表示每次从 fp 所指定的磁盘文件中读取 4 个字节的数据项，共读取 5 次，并依次放入以数组名 a 为首地址的内存中。因此，正确选项为 D。

习　题

一、选择题

1. 函数 fgets(s，n，fp)的功能是(   )。

　　A. 从文件 fp 中读取长度为 n 的字符串存入指针 s 所指的内存

　　B. 从文件 fp 中读取长度不超过 n-1 的字符串存入指针 s 所指的内存

　　C. 从文件 fp 中读取 n 个字符串存入指针 s 所指的内存

　　D. 从文件 fp 中读取长度为 n-1 的字符串存入指针 s 所指的内存

2. 有下列程序：

```
#include <stdio.h>
void writestr(char *fn, char *str)
{ FILE *fp;
fp=fopen(fn, "w"); fputs(str, fp); fclose(fp);
}
main( )
{ writestr("t1.dat", "start");
writeStr("t1.dat", "end");
}
```

程序运行后，文件 t1.dat 中的内容是(   )。

A. start   B. end

C. startend   D. endrt

3. 下列与函数 fseek(fp，0L，SEEK_SET)有相同作用的是(   )。

A. feof(fp)   B. ftell(fp)

C. fgetc(fp)   D. rewind(fp)

4. 下列叙述中错误的是( )。

    A. 在 C 语言中，对二进制文件的访问速度比文本文件快

    B. 在 C 语言中，随机文件以二进制代码形式存储数据

    C. 语句 FILE fp; 定义了一个名为 fp 的文件指针

    D. C 语言中的文本文件以 ASCⅡ码形式存储数据

5. 有下列程序：

```
#include <stdio.h>
main( )
{ FILE *fp; int i, k, n;
fp=fopen("data.dat", "w+");
for(i=1;i<6;i+ +)
{fprintf(fp, "%d  ", i);
if(i%3= =0)    fprintf(fp, "\n");
}
rewind(fp);
fscanf(fp, "%d%d", &k, &n);   printf("%d%d\n", k, n);
fclose(fp);
}
```

程序运行后的输出结果是( )。

    A. 0　0　　　　　　B. 123　45　　　　　C. 1　4　　　　　　D. 1　2

二、填空题

1. 以下 C 程序将磁盘中的一个文件复制到另一个文件，两个文件名已在程序中给出(假定文件名无误)。请填空。

```
#include<stdio.h>
main( )
{ FILE*f1, *f2;
f1 = fopen("file_a.dat", "r");f2=fopen("file_b.dat", "w");
while(  [1]    )fputc(fgetc(f1),   [2]   );
  [3]           ;          [4]          ;
}
```

2. 以下程序由终端键盘输入一个文件名，然后把终端键盘输入的字符依次存放到该文件中，以#号作为文件结束输入的标志。请填空。

```
#include<stdio.h>
#include<stdlib.h>
main( )
{   FILE *fp ;   char   ch, fname[10];
printf("Enter  the name of the file\n");  gets(fname);
if ( ( fp=____[1]____ )= =NULL) { printf("open error\n");  exit(0);}
```

```
printf("Enter data:\n");
while ( ( ch= getchar( ) )!= '#') fputc(___[2]___, fp);
fclose( fp );
}
```

三、编程题

1. 请调用 fputc 函数，把 10 个字符串输出到文件中；再从此文件中读入这 10 个字符串放在一个字符串数组中；最后把字符串数组中字符串输出到终端屏幕，以检验操作是否正确。

2. 从键盘输入 10 个浮点数，以二进制形式存入文件中，再从文件中读出数据显示在屏幕上。

附　录

附录1　全国计算机等级考试二级(C 语言)考试大纲(2009)

一、公共基础知识

公共基础知识部分包括数据结构与算法、程序设计基础、软件工程基础、数据库设计基础等方面的基础知识。

二、C 语言部分

1. 基本要求

(1) 熟悉 VC++ 6.0 集成开发环境。

(2) 掌握结构化程序设计的方法，具有良好的程序设计风格。

(3)掌握程序设计中简单的数据结构和算法并能阅读简单的程序。

(4) 在 VC++ 6.0 集成环境下，能够编写简单的 C 程序，并具有基本的纠错和调试程序的能力。

2. 考试内容

(1) C 语言程序的结构:

① 程序的构成，main 函数和其它函数。

② 头文件，数据说明，函数的开始和结束标志以及程序中的注释。

③ 源程序的书写格式。

④ C 语言的风格。

(2) 数据类型及其运算:

① C 的数据类型(基本类型，构造类型，指针类型，无值类型)及其定义方法。

② C 运算符的种类、运算优先级和结合性。

③ 不同类型数据间的转换与运算。

④ C 表达式类型(赋值表达式，算术表达式，关系表达式，逻辑表达式，条件表达式，逗号表达式)和求值规则。

(3) 基本语句:

① 表达式语句，空语句，复合语句。

② 输入输出函数的调用，正确输入数据并正确设计输出格式。

(4) 选择结构程序设计:

① 用 if 语句实现选择结构。

② 用 switch 语句实现多分支选择结构。

③ 选择结构的嵌套。

(5) 循环结构程序设计：

① for 循环结构。

② while 和 do-while 循环结构。

③ continue 语句 break 语句。

④ 循环的嵌套。

(6) 数组的定义和引用：

① 一维数组和二维数组的定义、初始化和数组元素的引用。

② 字符串与字符数组。

(7) 函数：

① 库函数的正确调用。

② 函数的定义方法。

③ 函数的类型和返回值。

④ 形式参数与实在参数，参数值的传递。

⑤ 函数的正确调用，嵌套调用，递归调用。

⑥ 局部变量和全局变量。

⑦ 变量的存储类别(自动，静态，寄存器，外部)，变量的作用域和生存期。

(8) 编译预处理：

① 宏定义和调用(不带参数的宏，带参数的宏)。

②"文件包含"处理。

(9) 指针：

① 地址与指针变量的概念，地址运算符与间址运算符。

② 一维、二维数组和字符串的地址以及指向变量、数组、字符串、函数、结构体的指针变量的定义。通过指针引用以上各类型数据。

③ 用指针作函数参数。

④ 返回地址值的函数。

⑤ 指针数组，指向指针的指针。

(10) 结构体(即"结构")与共同体(即"联合")

① 用 typedef 说明一个新类型。

② 结构体和共用体类型数据的定义和成员的引用。

③ 通过结构体构成链表，单向链表的建立，节点数据的输出、删除与插入。

(11) 位运算：

① 位运算符的含义和使用。

② 简单的位运算。

(12) 文件操作：

只要求缓冲文件系统(即高级磁盘 I/O 系统)，对非标准缓冲文件系统(即低级磁盘 I/O 系统)不要求。

① 文件类型指针(FILE 类型指针)。

② 文件的打开与关闭(fopen，fclose)。

③ 文件的读写(fputc，fgetc，fputs，fgets，fread，fwrite，fprintf，fscanf 函数的应用)，文件的定位(rewind，fseek 函数的应用)。

三、考试方式

1. 笔试：90 分钟，满分 100 分，其中含公共基础知识部分的 30 分。

2. 上机：90 分钟，满分 100 分。

上机操作包括：①填空；②改错；③编程。

附录2 2009年9月全国计算机等级考试二级(C 语言)

笔试真题及参考答案

二级公共基础知识和 C 语言程序设计
(考试时间 90 分钟，满分 100 分)

一、选择题((1)~(10)、(21)~(40)每题 2 分，(11)~(20)每题 1 分，共 70 分)

(1) 下列数据结构中，属于非线性结构的是(　　)。

    A) 循环队列 　　　　　　　　　B) 带链队列

    C) 二叉树 　　　　　　　　　　D) 带链栈

(2) 下列数据结构中，能够按照"先进后出"原则存取数据的是(　　)。

    A) 循环队列 　　　　　　　　　B) 栈

    C) 队列 　　　　　　　　　　　D) 二叉树

(3) 对于循环队列，下列叙述中正确的是(　　)。

    A) 队头指针是固定不变的

    B) 队头指针一定大于队尾指针

    C) 队头指针一定小于队尾指针

    D) 队头指针可以大于队尾指针，也可以小于队尾指针

(4) 算法的空间复杂度是指(　　)。

    A) 算法在执行过程中所需要的计算机存储空间

    B) 算法所处理的数据量

    C) 算法程序中的语句或指令条数

    D) 算法在执行过程中所需要的临时工作单元数

(5) 软件设计中划分模块的一个准则是(　　)。

    A) 低内聚低耦合 　　　　　　　B) 高内聚低耦合

    C) 低内聚高耦合 　　　　　　　D) 高内聚高耦合

(6) 下列选项中不属于结构化程序设计原则的是(　　)。

    A) 可封装 　　　　　　　　　　B) 自顶向下

    C) 模块化 　　　　　　　　　　D) 逐步求精

(7) 软件详细设计产生的图如下：

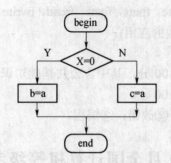

该图是(　　)。

  A) N-S 图   B) PAD 图   C) 程序流程图 D) E-R 图

(8)数据库管理系统是(　　)。

  A) 操作系统的一部分   B) 在操作系统支持下的系统软件

  C) 一种编译系统   D) 一种操作系统

(9) 在 E-R 图中，用来表示实体联系的图形是(　　)。

  A) 椭圆图   B) 矩形   C) 菱形   D) 三角形

(10) 有三个关系 R，S 和 T 如下：

R

A	B	C
a	1	2
b	2	1
c	3	1

S

A	B	C
d	3	2

T

A	B	C
a	1	2
b	2	1
c	3	1
d	3	2

  其中关系 T 由关系 R 和 S 通过某种操作得到，该操作为(　　)。

  A) 选择   B) 投影   C) 交   D) 并

(11) 以下叙述中正确的是(　　)。

  A) 程序设计的任务就是编写程序代码并上机调试

  B) 程序设计的任务就是确定所用数据结构

  C) 程序设计的任务就是确定所用算法

  D) 以上三种说法都不完整

(12) 以下选项中，能用作用户标识符的是(　　)。

  A) void   B) 8_8   C) _0_   D) unsigned

(13) 阅读以下程序：

```
#include <stdio.h>
main()
{ int case; float printF;
 printf("请输入 2 个数: ");
 scanf("%d %f",&case,&pjrintF);
```

208

```
printf("%d %f\n",case,printF);
}
```

该程序编译时产生错误，其出错原因是(   )。

    A) 定义语句出错，case 是关键字，不能用作用户自定义标识符

    B) 定义语句出错，printF 不能用作用户自定义标识符

    C) 定义语句无错，scanf 不能作为输入函数使用

    D) 定义语句无错，printf 不能输出 case 的值

(14) 表达式：(int)((double)9/2)-(9)%2 的值是(   )。

    A) 0   B) 3   C) 4   D) 5

(15) 若有定义语句：int x=10;，则表达式 x-=x+x 的值为(   )。

    A) -20   B) -10   C) 0   D) 10

(16) 有以下程序：
```
#include <stdio.h>
main()
{ int a=1,b=0;
 printf("%d; "; b=a+b) ;
 printf("%d\n", a=2*b) ;
}
```

程序运行后的输出结果是(   )。

    A) 0,0   B) 1,0   C) 3,2   D) 1,2

(17) 设有定义：int a=1,b=2,c=3;，以下语句中执行效果与其它三个不同的是(   )。

    A) if(a>b)   c=a,a=b,b=c;   B) if(a>b)   {c=a,a=b,b=c;}

    C) if(a>b)   c=a;a=b;b=c;   D) if(a>b)   {c=a;a=b;b=c;}

(18) 有以下程序：
```
#include <stdio.h>
main()
{ int c=0,k;
 for (k=1;k<3;k++)
  switch (k)
  { default: c+=k;
    case 2: c++;break;
    case 4: c+=2;break;
  }
 printf("%d\n",C) ;
}
```

程序运行后的输出结果是(   )。

    A) 3   B) 5   C) 7   D) 9

(19)以下程序段中，与语句：k=a>b?(b>c?1:0):0; 功能相同的是(   )。

    A) if((a>b) &&(b>c)) k=1;   B) if((a>b) ||(b>c)   k=1;

```
                 else k=0;                          else k=0;
        C) if(a<=b)    k=0;             D) if(a>b)    k=1;
             else if(b<=c)   k=1;            else if(b>c)   k=1;
                                               else k=0;
```

(20) 有以下程序:
```
#include <stdio.h>
main()
{ char s[]={"012xy"};int i,n=0;
 for(i=0;s[i]!=0;i++)
if(s[i]>='a'&&s[i]<='z') n++;
 printf("%d\n",n);
}
```
程序运行后的输出结果是(   )。

A) 0   B) 2   C) 3   D) 5

(21) 有以下程序:
```
#include <stdio.h>
main()
{ int n=2,k=0;
  while(k++&&n++>2);
 printf("%d %d\n",k,n);
}
```
程序运行后的输出结果是(   )。

A) 0 2   B) 1 3   C) 5 7   D) 1 2

(22) 有以下定义语句,编译时会出现编译错误的是(   )。

A) char a='a';   B) char a='\n';   C) char a='aa';   D) char a='\x2d';

(23) 有以下程序:
```
#include <stdio.h>
main()
{  char c1,c2;
   c1='A'+'8'-'4';
   c2='A'+'8'-'5';
   printf("%c,%d\n",c1,c2);
}
```
已知字母 A 的 ASCII 码为 65,程序运行后的输出结果是(   )。

A) E,68   B) D,69   C) E,D   D) 输出无定值

(24) 有以下程序:
```
#include <stdio.h>
void fun(int p)
{ int d=2;
```

```
 p=d++; printf("%d",p);
}
main()
{ int a=1;
 fun(a) ; printf("%d\n",a) ;
}
```
程序运行后的输出结果是(   )。

     A) 32   B) 12   C) 21   D) 22

(25) 以下函数 findmax 拟实现在数组中查找最大值并作为函数值返回，但程序中有错导致不能实现预定功能。

```
#define MIN -2147483647
int findmax (int x[],int n)
{ int i,max;
  for(i=0;i<n;i++)
   { max=MIN;
    if(max<x[i]) max=x[i];
   }
    return max;
}
```

造成错误的原因是(   )。

     A) 定义语句 int i,max;中 max 未赋初值

     B) 赋值语句 max=MIN;中，不应给 max 赋 MIN 值

     C) 语句 if(max<x[i]) max=x[i];中判断条件设置错误

     D) 赋值语句 max=MIN;放错了位置

(26) 有以下程序：

```
#include <stdio.h>
main()
{ int m=1,n=2,*p=&m,*q=&n,*r;
 r=p;p=q;q=r;
 printf("%d,%d,%d,%d\n",m,n,*p,*q);
}
```
程序运行后的输出结果是(   )。

     A) 1,2,1,2   B) 1,2,2,1   C) 2,1,2,1   D) 2,1,1,2

(27) 若有定义语句：int a[4][10],*p,*q[4];且 0<=i<4，则错误的赋值是(   )。

     A) p=a   B) q[i]=a[i]   C) p=a[i]   D) p=&a[2][1]

(28) 有以下程序：

```
#include <stdio.h>
#include <string.h>
main()
```

```
{ char str[ ][20]={"One*World", "One*Dream!"},*p=str[1];
  printf("%d,",strlen(p));printf("%s\n",p);
}
```
程序运行后的输出结果是(   )。

  A) 9,One*World B) 9,One*Dream! C) 10,One*Dream! D) 10,One*World

(29) 有以下程序:
```
#include <stdio.h>
main()
{ int a[ ]={2,3,5,4},i;
  for(i=0;i<4;i++)
  switch(i%2)
  { case 0:switch(a[i]%2)
          { case 0:a[i]++;break;
            case 1:a[i]--;
          }break;
    case 1:a[i]=0;
  }
  for(i=0;i<4;i++) printf("%d",a[i]); printf("\n");
}
```
程序运行后的输出结果是(   )。

  A) 3 3 4 4   B) 2 0 5 0   C) 3 0 4 0   D) 0 3 0 4

(30) 有以下程序:
```
#include <stdio.h>
#include <string.h>
main()
{ char a[10]="abcd";
  printf("%d,%d\n",strlen(A) ,sizeof(A) );
}
```
程序运行后的输出结果是(   )。

  A) 7,4   B) 4,10   C) 8,8   D) 10,10

(31) 下面是有关 C 语言字符数组的描述，其中错误的是(   )。

  A) 不可以用赋值语句给字符数组名赋字符串

  B) 可以用输入语句把字符串整体输入给字符数组

  C) 字符数组中的内容不一定是字符串

  D) 字符数组只能存放字符串

(32) 下列函数的功能是(   )。
```
fun(char *a,char *b)
{ while((*b=*a) !='\0') {a++;b++;} }
```
  A) 将 a 所指字符串赋给 b 所指空间

B) 使指针 b 指向 a 所指字符串

C) 将 a 所指字符串和 b 所指字符串进行比较

D) 检查 a 和 b 所指字符串中是否有'\0'

(33) 设有以下函数：

```
void fun(int n,char * s) {……}
```

则下面对函数指针的定义和赋值均是正确的是(　　)。

A) void (*pf)(); pf=fun;

B) viod *pf(); pf=fun;

C) void *pf(); *pf=fun;

D) void (*pf)(int,char);pf=&fun;

(34) 有以下程序：

```
#include <stdio.h>
int f(int n);
main()
{ int a=3,s;
  s=f(a) ;s=s+f(a) ;printf("%d\n",s);
}
int f(int n)
{ static int a=1;
  n+=a++;
 return n;
}
```

程序运行以后的输出结果是(　　)。

A) 7　　　　　　　B) 8　　　　　　C) 9　　　　　D) 10

(35) 有以下程序：

```
#include <stdio.h>
#define f(x) x*x*x
main()
{ int a=3,s,t;
  s=f(a+1);t=f((a+1));
  printf("%d,%d\n",s,t);
}
```

程序运行后的输出结果是(　　)。

A) 10,64　　　　B) 10,10　　　　C) 64,10　　　D) 64,64

(36) 下面结构体的定义语句中，错误的是(　　)。

A) struct ord {int x;int y;int z;}; struct ord a;

B) struct ord {int x;int y;int z;}struct ord a;

C) struct ord {int x;int y;int z;}n;

D) struct {int x;int y;int z;}a;

(37) 设有定义：char *c;，以下选项中能够使字符型指针 c 正确指向一个字符串的是(　　)。

A) char str[]="string";c=str;   B) scanf("%s",C) ;

C) c=getchar();   D) *c="string";

(38) 有以下程序：

```
#include <stdio.h>
#include <string.h>
struct A
{ int a; char b[10]; double c;};
struct A f(struct A t);
main()
{  struct A a={1001, "ZhangDa",1098.0};
   a=f(a) ;
   printf("%d,%s,%6.1f\n",a.a,a.b,a.C) ;
}
struct A f(struct A t)
{ t.a=1002;strcpy(t.b,"ChangRong");t.c=1202.0;return t; }
```

程序运行后的输出结果是(　　　)。

A) 1001,ZhangDa,1098.0   B) 1002,ZhangDa,1202.0

C) 1001,ChangRong,1098.0   D) 1002,ChangRong,1202.0

(39) 若有以下程序段：

```
int r=8;
printf("%d\n",r>>1);
```

输出结果是(　　　)。

A) 16   B) 8   C) 4   D) 2

(40) 下列关于 C 语言文件的叙述中正确的是(　　　)。

A) 文件由一系列数据依次排列组成，只能构成二进制文件

B) 文件由结构序列组成，可以构成二进制文件或文本文件

C) 文件由数据序列组成，可以构成二进制文件或文本文件

D) 文件由字符序列组成，其类型只能是文本文件

二、填空题(每空 2 分，共 30 分)

请将每空的正确答案写在答题卡【1】～【15】序号的横线上，答在试卷上不得分。

(1) 某二叉树有 5 个度为 2 的结点以及 3 个度为 1 的结点，则该二叉树中共有　【1】　个结点。

(2) 程序流程图中的菱形框表示的是　【2】　。

(3) 软件开发过程主要分为需求分析、设计、编码与测试四个阶段，其中　【3】　阶段产生"软件需求规格说明书。"

(4) 在数据库技术中，实体集之间的联系可以是一对一或一对多或多对多的，那么"学生"和"可选课程"的联系为　【4】　。

(5) 人员基本信息一般包括：身份证号，姓名，性别，年龄等。其中可以作为主关键字的是　【5】　。

214

(6) 若有定义语句：int a=5;，则表达式：a++的值是 【6】 。

(7) 若有语句 double x=17;int y;，当执行 y=(int)(x/5)%2;之后 y 的值为 【7】 。

(8) 以下程序运行后的输出结果是 【8】 。

```
#include <stdio.h>
main()
{   int x=20;
    printf("%d",0<x<20);
    printf("%d\n",0<x&&x<20);
}
```

(9) 以下程序运行后的输出结果是 【9】 。

```
#include <stdio.h>
main()
{   int a=1,b=7;
    do {
        b=b/2;a+=b;
        } while (b>1);
    printf("%d\n",a) ;
}
```

(10) 有以下程序：

```
#include <stdio.h>
main()
{   int f,f1,f2,i;
    f1=0;f2=1;
    printf("%d %d ",f1,f2);
    for(i=3;i<=5;i++)
    {   f=f1+f2; printf("%d",f);
        f1=f2; f2=f;
    }
    printf("\n");
}
```

程序运行后的输出结果是 【10】 。

(11) 有以下程序：

```
#include <stdio.h>
int a=5;
void fun(int b)
{   int a=10;
    a+=b;printf("%d",a) ;
}
```

215

```
main()
{   int c=20;
    fun(C) ;a+=c;printf("%d\n",a) ;
}
```

程序运行后的输出结果是 __【11】__ 。

(12) 设有定义:

struct person

```
{   int ID;char name[12];}p;
```

请将 scanf("%d", __【12】__);语句补充完整，使其能够为结构体变量 p 的成员 ID 正确读入数据。

(13) 有以下程序:

```
#include <stdio.h>
main()
{   char a[20]= "How are you?",b[20];
    scanf("%s",b) ;printf("%s %s\n",a,b)
}
```

程序运行时从键盘输入：**How are you?<回车>**

则输出结果为 __【13】__ 。

(14) 有以下程序:

```
#include <stdio.h>
typedef struct
{   int num;double s;}REC;
void fun1( REC x ){x.num=23;x.s=88.5;}
main()
{   REC a={16,90.0 };
    fun1(a) ;
    printf("%d\n",a.num);
}
```

程序运行后的输出结果是 __【14】__ 。

(15) 有以下程序:

```
#include <stdio.h>
fun(int x)
{   if(x/2>0) fun(x/2);
    printf("%d ",x);
}
main()
{   fun(6);printf("\n"); }
```

程序运行后的输出结果是 __【15】__ 。

一、选择题

(1) C   (2) B   (3) D   (4) A   (5) B   (6) A   (7) C   (8) B

(9) C   (10) D   (11) D   (12) C   (13) A   (14) B   (15) B   (16) D

(17) C   (18) A   (19) A   (20) B   (21) D   (22) C   (23) A   (24) C

(25) D   (26) B   (27) A   (28) C   (29) C   (30) B   (31) B   (32) A

(33) A   (34) C   (35) A   (36) B   (37) A   (38) D   (39) C   (40) C

二、填空题

【1】14   【2】逻辑判断   【3】需求分析   【4】多对多   【5】身份证号

【6】5   【7】1   【8】10   【9】5   【10】0 1 123

【11】3025   【12】&p.ID   【13】How are you? How   【14】16   【15】1 3 6

附录3   2010年3月全国计算机等级考试二级 (C 语言)笔试真题及参考答案

二级公共基础知识和 C 语言程序设计
(考试时间90分钟,满分100分)

一、选择题((1)~(10)、(21)~(40)每题2分,(11)~(20)每题1分,共70分)

(1) 下列叙述中正确的是(   )。

   A) 对长度为 n 的有序链表进行查找,最坏情况下需要的比较次数为 n

   B) 对长度为 n 的有序链表进行对分查找,最坏情况下需要的比较次数为(n/2)

   C) 对长度为 n 的有序链表进行对分查找,最坏情况下需要的比较次数为($\log_2 n$)

   D) 对长度为 n 的有序链表进行对分查找,最坏情况下需要的比较次数为($n \log_2 n$)

(2) 算法的时间复杂度是指(   )。

   A) 算法的执行时间

   B) 算法所处理的数据量

   C) 算法程序中的语句或指令条数

   D) 算法在执行过程中所需要的基本运算次数

(3) 软件按功能可以分为:应用软件、系统软件和支撑软件(或工具软件)。下面属于系统软件的是(   )。

   A) 编辑软件   B) 操作系统   C) 教务管理系统   D) 浏览器

(4) 软件(程序)调试的任务是(   )。

   A) 诊断和改正程序中的错误   B) 尽可能多地发现程序中的错误

   C) 发现并改正程序中的所有错误   D) 确定程序中错误的性质

(5) 数据流程图(DFD 图)是(   )。

   A) 软件概要设计的工具   B) 软件详细设计的工具

   C) 结构化方法的需求分析工具   D) 面向对象方法的需求分析工具

(6) 软件生命周期可分为定义阶段，开发阶段和维护阶段。详细设计属于(　　　)。

  A) 定义阶段   B) 开发阶段   C) 维护阶段   D) 上述三个阶段

(7) 数据库管理系统中负责数据模式定义的语言是(　　　)。

  A) 数据定义语言 B) 数据管理语言 C) 数据操纵语言 D) 数据控制语言

(8) 在学生管理的关系数据库中，存取一个学生信息的数据单位是(　　　)。

  A) 文件   B) 数据库   C) 字段   D) 记录

(9) 数据库设计中，用 E-R 图来描述信息结构但不涉及信息在计算机中的表示，它属于数据库设计的是(　　　)。

  A) 需求分析阶段   B) 逻辑设计阶段

  C) 概念设计阶段   D) 物理设计阶段

(10) 有两个关系 R 和 T 如下：

	R		
A	B	C
a	1	2
b	2	2
c	3	2
d	3	2

	T		
A	B	C
c	3	2
d	3	2

则由关系 R 得到关系 T 的操作是(　　　)。

  A) 选择   B) 投影   C) 交   D) 并

(11) 以下叙述正确的是(　　　)。

  A) C 语言程序是由过程和函数组成的

  B) C 语言函数可以嵌套调用，例如：fun(fun(x))

  C) C 语言函数不可以单独编译

  D) C 语言中除了 main 函数，其他函数不可以作为单独文件形式存在

(12) 以下关于 C 语言的叙述中正确的是(　　　)。

  A) C 语言中的注释不可以夹在变量名或关键字的中间

  B) C 语言中的变量可以在使用之前的任何位置进行定义

  C) 在 C 语言算术的书写中，运算符两侧的运算数类型必须一致

  D) C 语言的数值常量中夹带空格不影响常量值的正确表示

(13) 以下 C 语言用户标示符中，不合法的是(　　　)。

  A) _1   B) AaBc   C) a_b   D) a--b

(14) 若有定义：double a=22;int i=0,k=18;则不符合 C 语言规定的赋值语句是(　　　)。

  A) a=a++,i++   B) i=(a+k)<=(i+k) C) i=a%11 D) i=!a

(15) 有以下程序：

```
#include <stdio.h>
main()
{
```

```
char a,b,c,d;
scanf("%c%c",&a,&b) ;
c=getchar(); d=getchar();
printf("%c%c%c%c\n",a,b,c,d) ;
}
```

当执行程序时，按下列方式输入数据(从第一列开始，<CR>代表回车，注意：回车是一个字符)

12<CR>

34<CR>

则输出结果是(　　　)。

A) 1234 　　　　　　 B) 12 　　　　　　 C) 12 　　　　　　 D) 12

　　　　　　　　　　　　　　　　　　　　　　 3 　　　　　　　 34

(16) 以下关于 C 语言数据类型使用的叙述中错误的是(　　　)。

　A) 若要准确无误的表示自然数，应使用整数类型。

　B) 若要保存带有多位小数的数据，应使用双精度类型。

　C) 若要处理如"人员信息"等含有不同类型的相关数据，应自定义结构体类型。

　D) 若只处理"真"和"假"两种逻辑值，应使用逻辑类型。

(17) 若 a 是数值类型，则逻辑表达式(a==1)||(a!=1)的值是(　　　)。

A) 1 　　　　　　　　　　　　　　　　 B) 0

C) 2 　　　　　　　　　　　　　　　　 D) 不知道 a 的值，不能确定

(18) 以下选项中与 if(a==1) a=b;else a++;语句功能不同的 switch 语句是(　　　)。

A) switch(a)
```
{ case 1:a=b;break;
  default : a++;
}
```

B) switch(a==1)
```
{ case 0 : a=b;break;
  case 1 : a++;
}
```

C) switch(a)
```
{ default : a++;break;
  case 1:a=b;
}
```

D) switch(a==1)
```
{ case 1:a=b;break;
  case 0: a++;
}
```

(19) 有如下嵌套的 if 语句：
```
if(a<b)
    if(a<c)    k=a;
    else   k=c;
else
    if(b<c)   k=b;
    else   k=c;
```

以下选项中与上述 if 语句等价的语句是(　　　)。

　A) k=(a<b) ?a:b;k=(b<c) ?b:c

　B) k=(a<b) ?((b<c) ?a:B) :((b<c) ?b:c) ;

219

C) k=(a<b) ?((a<c) ?a:c) :((b<c) ?b:c) ;

D) k=(a<b) ?a:b;k=(a<c) ?a:c;

(20) 有以下程序：

```c
#include <stdio.h>
main()
{ int i,j,m=1;
for(i=1;i<3;i++)
{ for(j=3;j>0;j--)
{ if(i*j>3) break;
m*=i*j;
}
}
printf("m=%d\n",m);
}
```

程序运行后的输出结果是(   )。

A) m=6　　　　　B) m=2　　　　　C) m=4　　　　　D) m=5

(21) 有以下程序：

```c
#include <stdio.h>
main()
{ int a=1,b=2;
  for(;a<8;a++) {b+=a; a+=2;}
printf ("%d,%d\n",a,B) ;
}
```

程序运行后的输出结果是(   )。

A) 9,18　　　　　B) 8,11　　　　　C) 7,11　　　　　D) 10,14

(22) 有以下程序，其中 k 的初值为八进制数

```c
#include <stdio.h>
main()
{int k=011;
printf("%d\n",k++);
}
```

程序运行后的输出结果是(   )。

A) 12　　　　　B) 11　　　　　C) 10　　　　　D) 9

(23) 下列语句中，正确的是(   )。

A) char *s; s="Olympic";　　　　　B) char s[7]; s="Olympic";

C) char *s; s={"Olympic"};　　　　　D) char s[7]; s={"Olympic"};

(24) 以下关于 return 语句的叙述中正确的是(   )。

A) 一个自定义函数中必须有一条 return 语句

B) 一个自定义函数中可以根据不同情况设置多条 return 语句

C) 定义成 viod 类型的函数中可以有带返回值的 return 语句

D) 没有 return 语句的自定义函数在执行结束时不能返回到调用处

(25) 下列选项中，能够正确定义数组的语句是(　　)。

A) int num[0..2008];　　　　　　B) int num[];

C) int N=2008;　　　　　　　　 D) #define N 2008

　　 int num[N];　　　　　　　　　　 int num[N]

(26) 有以下程序：

```
#include<stdio.h>
void fun (char*c,int d)
{*c=*c+1;d=d+1;
printf("%c,%c,",*c,d) ;
}
main()
{char b='a',a='A';
fun(&b,a) ; printf("%c,%c\n",b,a) ;
}
```

程序运行后的输出结果是(　　)。

A) b,B,b,A　　　　B) b,B,B,A　　　　C) a,B,B,a　　　　D) a,B,a,B

(27) 若有定义 int(*pt)[3];,则下列说法正确的是(　　)。

A) 定义了基类型为 int 的三个指针变量

B) 定义了基类型为 int 的具有三个元素的指针数组 pt

C) 定义了一个名为*pt、具有三个元素的整型数组

D) 定义了一个名为 pt 的指针变量，它可以指向每行有三个整数元素的二维数组

(28) 设有定义 double a[10],*s=a;,以下能够代表数组元素 a[3]的是(　　)。

A) (*s)[3]　　　　B) *(s+3)　　　　C) *s[3]　　　　D) *s+3

(29) 有以下程序：

```
#include<stdio.h>
main()
{ int a[5]={1,2,3,4,5}, b[5]={0,2,1,3,0},i,s=0;
  for(i=0;i<5;i++) s=s+a[b[i]];
  printf("%d\n",s);
}
```

程序运行后的输出结果是(　　)。

A) 6　　　　　　　B) 10　　　　　　　C) 11　　　　　　　D) 15

(30) 有以下程序：

```
#include<stdio.h>
main()
{ int b[3] [3]={0,1,2,0,1,2,0,1,2},i,j,t=1;
  for(i=0; i<3; i++)
```

```
    for(j=i;j<=i;j++)  t+=b[i][b[j][i]];
    printf("%d\n",t);
}
```
程序运行后的输出结果是(   )。

     A) 1   B) 3   C) 4   D) 9

(31) 若有以下定义和语句：
```
char s1[10]= "abcd!", *s2="n123\\";
printf("%d %d\n", strlen(s1),strlen(s2));
```
则输出结果是(   )。

     A) 5 5   B) 10 5   C) 10 7   D) 5 8

(32) 有以下程序：
```
#include<stdio.h>
#define N 8
void fun(int  *x,int i)
{*x=*(x+i);}
main()
{ int a[N]={1,2,3,4,5,6,7,8},i;
  fun(a,2);
  for(i=0; i<N/2; i++)
   { printf("%d",a[i]);}
  printf("\n");
}
```
程序运行后的输出结果是(   )。

     A) 1 3 1 3   B) 2 2 3 4   C) 3 2 3 4   D) 1 2 3 4

(33) 有以下程序：
```
#include<stdio.h>
int f(int t [ ],int n);
main()
{int a[4]={1,2,3,4},s;
 s=f(a,4); printf("%d\n",s);
}
int f(int t[], int n)
{ if (n>0)  return t[n-1]+f(t,n-1);
  else  return 0;
}
```
程序运行后的输出结果是(   )。

     A) 4   B) 10   C) 14   D) 6

(34) 有以下程序：
```
#include<stdio.h>
```

```
int fun()
{static int x=1;
x*=2; return x;
}
main()
{int i,s=1;
for (i=1;i<=2;i++)  s=fun();
printf("%d\n",s);
}
```
程序运行后的输出结果是(   )。

    A) 0   B) 1   C) 4   D) 8

(35) 有以下程序:
```
#include <stdio.h>
#define  SUB(a)   (a)-(a)
main()
{int  a=2,b=3,c=5,d;
 d=SUB(a+b)*c;
 printf("%d\n",d) ;
}
```
程序运行后的结果是(   )。

    A) 0   B) -12   C) -20   D) 10

(36) 没有定义:
```
struct complex
{int  real, unreal ;}data1={1,8},data2;
```
则以下赋值语句中的错误的是(   )。

    A) data2=data1;   B) data2=(2,6);

    C) data2.real1=data1.real;   D) data2.real=data1.unreal;

(37) 有以下程序:
```
#include <stdio.h>
#include <string.h>
struct A
{int a; char b[10];double c;};
void f(struct  A t);
main()
{struct  A  a={1001, "ZhangDa",1098.0};
f(a) ; printf("%d,%s,%6.1f\n",a.a,a.b,a.c) ;
}
void f(struct  A  t)
{t.a=1002;strcpy(t.b,"ChangRong");t.c=1202.0;}
```

程序运行后的输出结果是（　　　）。

  A) 1001,ZhangDa,1098.0   B) 1002,ChangRong,1202.0

  C) 1001,ChangRong,1098.0   D) 1002,ZhangDa,1202.0

(38) 有以下定义和语句：

```
struct workers
{int num; char name[20];char c;
 struct {int day;int month;int year;} s;
};
struct workers w,*pw;
pw=&w;
```

能给 w 中 year 成员赋 1980 的语句是（　　　）。

  A) *pw.year=1980;   B) w.year=1980;

  C) pw->year=1980;   D) w.s.year=1980;

(39) 有以下程序：

```
#include <stdio.h>
main()
{int a=2,b=2,c=2;
printf("%d\n",a/b&c) ;
}
```

程序运行后的结果是（　　　）。

  A) 0   B) 1   C) 2   D) 3

(40) 有以下程序：

```
#include<stdio.h>
main( )
{  FILE *fp;char str[10];
fp=fopen("myfile.dat","w");
fputs("abc",fp);  fclose(fp);
fp=fopen("myfile.dat","a+");
fprintf(fp,"%d",28);
rewind(fp);
fscanf(fp,"%s",str);  puts(str);
fclose(fp);
}
```

程序运行后的输出结果是（　　　）。

  A) abc   B) 28c

  C) abc28   D) 因类型不一致而出错

二、填空题(每空 2 分，共 30 分)

请将每空的正确答案写在答题卡【1】至【15】序号的横线上，答在试卷上不得分。

(1) 一个队列的初始状态为空，先将元素 A,B,C,D,E,F,5,4,3,2,1 依次入队，然后再依次退队，则元素退队的顺序为___【1】___。

(2) 设某循环列队的容量为 50，如果头指针 front=45(指向队头元素的前一位置)，尾指针 rear=10(指向队尾元素)，则该循环队列中共有___【2】___个元素。

(3) 设二叉数如下：

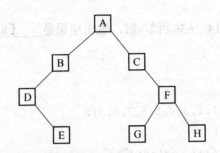

对该二叉树进行后序遍历的结果为___【3】___。

(4) 软件是___【4】___、数据和文档的集合。

(5) 有一个学生选课的关系，其中学生的关系模式为：学生(学号，姓名，班级，年龄)，课程的关系模式为：课程(课号，课程名，学时)，其中两个关系模式的键分别是学号和课号，则关系模式选课可以定义为：选课(学号，___【5】___，成绩)。

(6) 设 x 为 int 型变量，请写出一个关系表达式___【6】___，用以判断 x 同时为 3 和 7 的倍数时，关系表达式的值为真。

(7) 有以下程序：

```
#include < stdio.h >
main()
{ int a=1,b=2,c=3,d=0;
if (a==1)
    if (b!=2)
        if(c!=3)  d=1;
        else      d=2;
    else if(c!=3)  d=3;
        else      d=4;
 else           d=5;
 printf("%d\n",d) ;
}
```

程序运行后的输出结果是：___【7】___。

(8) 有以下程序：

```
#include < stdio.h >
main()
{ int m,n;
scanf("%d%d",&m,&n);
while (m!=n)
```

225

```
{ while(m>n)  m=m-n;
   while(m<n) n=n-m;
}
printf("%d\n",m);
}
```
程序运行后，当输入 14 63<回车>时，输出结果是___【8】___。

(9) 有以下程序：
```
#include <stdio.h>
main ()
{ int i,j,a[][3]={1,2,3,4,5,6,7,8,9};
   for (i=0;i<3;i++)
        for(j=i;j<3;j++)  printf("%d",a[i][j]);
   printf("\n");
}
```
程序运行后的输出结果是___【9】___。

(10) 有以下程序：
```
#include <stdio.h>
main()
{
    int  a[]={1,2,3,4,5,6},*k[3],i=0;
    while(i<3)
    {
        k[i]=&a[2*i];
        printf("%d",*k[i]);
        i++;
    }
}
```
程序运行后的输出结果是___【10】___。

(11) 有以下程序：
```
#include <stdio.h>
main()
{
    int  a[3][3]={{1,2,3},{4,5,6},{7,8,9}};
    int  b[3]={0},i;
    for(i=0;i<3;i++) b[i]=a[i][2]+a[2][i];
    for(i=0;i<3;i++) printf("%d",b[i]);
    printf("\n");
}
```
程序运行后的结果是___【11】___。

226

(12) 有以下程序：

```c
#include <stdio.h>
#include <string.h>
void fun(char*str)
{
    char temp; int n,i;
    n=strlen(str);
    temp=str[n-1];
    for(i=n-1;i>0;i--) str[i]=str[i-1];
    str[0]=temp;
}
main()
{
    char s[50];
    scanf("%s",s); fun(s);  printf("%s\n",s);
}
```

程序运行后输入：abcdef<回车>，则输出结果是＿＿＿【12】＿＿＿。

(13) 以下程序的功能是：将值为三位正整数的变量 x 中的数值按照个位、十位、百位的顺序拆分并输出。请填空。

```c
#include<stdio.h>
main()
{
    int x=256;
    printf("%d-%d-%d\n",  【13】  ,x/10%10, x/100);
}
```

(14) 以下程序用以删除字符串中的所有的空格，请填空。

```c
#include<stdio.h>
main()
{
char  s[100]={ "our .tercher teach  c language! "};int i,j;
for( i=j=0;s[i]!='\0';i++)
   if(s[i]!=' ') { s[j]=s[i];j++; }
s[j]=  【14】  ;
printf("%s\n",s);
}
```

(15) 以下程序功能是：借助指针变量找出数组元素中的最大值及其元素的下标值。请填空。

```c
#include <stdio.h>
main()
```

```
{
    int a[10],*p,*s;
    for(p=a;p-a<10;p++) scanf("%d",p);
    for(p=a,s=a;p-a<10;p++)  if(*p>*s) s=    【15】  ;
    printf("index=%d\n",s-a) ;
}
```

2010 年 3 月全国计算机等级考试二级 C 语言笔试参考答案

一、选择题

(1) A	(2) D	(3) B	(4) A	(5) C	(6) B	(7) A	(8) D
(9) C	(10) A	(11) B	(12) A	(13) D	(14) C	(15) C	(16) D
(17) A	(18) B	(19) C	(20) A	(21) D	(22) D	(23) A	(24) B
(25) D	(26) A	(27) D	(28) B	(29) C	(30) C	(31) A	(32) C
(33) B	(34) C	(35) C	(36) B	(37) A	(38) D	(39) A	(40) C

二、填空题

【1】A、B、C、D、E、F、5、4、3、2、1 【2】15 【3】EDBGHFCA

【4】程序 【5】课号 【6】x%3==0&&x%7==0 【7】4

【8】7 【9】123569 【10】135 【11】101418

【12】fabcde 【13】x%10 【14】'\0'或者填写0 【15】p

参 考 文 献

[1] 杨路明.C语言程序设计(第2版)[M].北京：北京邮电大学出版社，2005.

[2] 张志航，王珊珊等.程序设计语言——C[M].北京：清华大学出版社，2007.

[3] 张红梅，于明.Visual C++程序设计实验教程[M].北京：中国铁道出版社，2004.

[4] 张莉.C/C++程序设计教程[M].北京：清华大学出版社，2007.

[5] 吕凤翥.C语言程序设计[M].北京：清华大学出版社，2005.

[6] 何钦铭，颜晖.C语言程序设计[M].北京：高等教育出版社，2008.

[7] 周启海.C语言程序设计教程[M].北京:机械工业出版社，2004

[8] 张欣.C语言程序设计(VC++ 6.0环境)[M].北京:中国水利水电出版社，2005.

[9] 杨文君，杨柳.C语言程序设计教程[M].北京:清华大学出版社，2010.

[10] 冉崇善.C语言程序设计教程[M].北京:机械工业出版社，2009.

[11] 徐士良.C语言程序设计教程[M].北京:人民邮电出版社，2009.

[12] 张建勋，纪纲.C语言程序设计教程[M].北京:清华大学出版社，2008.

[13] 谭浩强.C程序设计(第三版)[M].北京：清华大学出版社，2005.

[14] 罗坚，王声决.C语言程序设计(第三版)[M].北京：中国铁道出版社，2009.

[15] 田淑清.二级教程——C语言程序设计(2008年版)[M].北京：高等教育出版社，2008.

[16] 郑莉，董渊等.C++语言程序设计(第3版)[M].北京：清华大学出版社，2006.

[17] 宋秀芹.Visual FoxPro程序设计教程[M].北京：国防工业出版社，2009.

[18] 陈宝贤.C语言程序设计教程[M].北京：人民邮电出版社，2005.

[19] 丁峻岭.C语言程序设计[M].北京：中国铁道出版社，2007.

[20] 李丽娟.C语言程序设计教程(第2版).北京：人民邮电出版社，2009.